【01】

李浴日◎選輯

武經七書

《孫子兵法》
《吳子兵法》
《六韜》
《司馬法》
《三略》
《尉繚子》
《唐太宗李衛公問對》

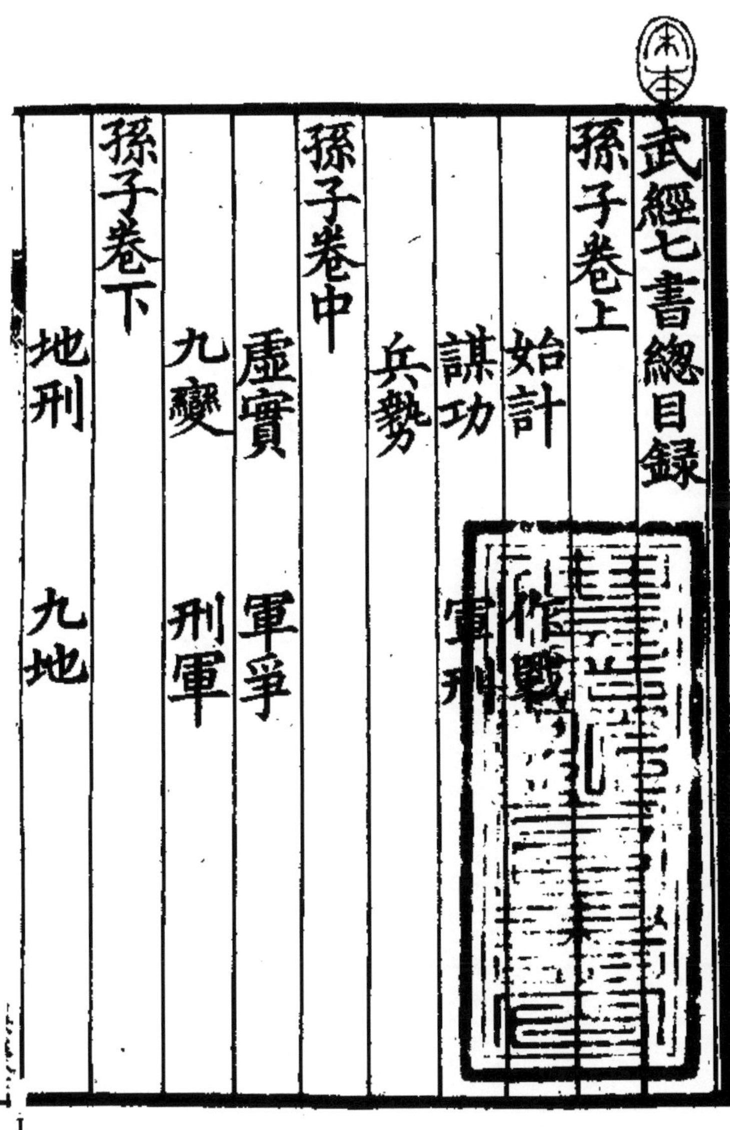

武經七書總目錄

尉繚子卷第四

尉繚子卷第五

黃石公三略上中下三卷

六韜卷第一

文韜

六韜卷第二

武韜

六韜卷第三

龍韜

六韜卷第四

虎韜

六韜卷第五

六韜卷第六

孫子卷上

始計第一

孫子曰兵者國之大事死生之地存亡之道不可不察也故經之以五事校之以計而索其情一曰道二曰天三曰地四曰將五曰法道者令民與上同意可與之死可與之生而不畏危也天者陰陽寒暑時制也地者遠近險易廣狹死生也將者智信仁勇嚴也法者曲制官道主用也凡此五者將莫不聞知之者勝不知者不勝故校之以計而索其情曰主孰有道將孰有能天地孰得法令孰行兵衆孰彊士卒孰

練賞罰孰明吾以此知勝負矣將聽吾計用之必勝留之將不聽吾計用之必敗去之計利以聽乃爲之勢以佐其外勢者因利而制權也兵者詭道也故能而示之不能用而示之不用近而示之遠遠而示之近利而誘之亂而取之實而備之彊而避之怒而撓之卑而驕之佚而勞之親而離之攻其無備出其不意此兵家之勝不可先傳也夫未戰而廟筭勝者得筭多也未戰而廟筭不勝者得筭少也多筭勝少筭不勝而况於無筭乎吾以此觀之勝負見矣

作戰第二

孫子曰凡用兵之法馳車千駟革車千乘帶甲十萬千里饋糧內外之費賓客之用膠漆之材車甲之奉日費千金然後十萬之師舉矣其用戰也勝久則鈍兵挫鋭攻城則力屈久暴師則國用不足夫鈍兵挫鋭屈力殫貨則諸侯乘其獘而起雖有智者不能善其後矣故兵聞拙速未覩巧之久也夫兵久而國利者未之有也故不盡知用兵之害者則不能盡知用兵之利也善用兵者役不再籍糧不三載取用於國因糧於敵故軍食可足也國之貧於師者遠輸遠輸則百姓貧近師者貴賣貴賣則百姓財竭財竭則急

於丘役力屈中原內虛於家百姓之費十去其七公家之費破車罷馬甲胄矢弓戟楯矛櫓丘牛大車十去其六故智將務食於敵食敵一鍾當吾二十鍾萁秆一石當吾二十石故殺敵者怒也取敵之利者貨也車戰得車十乘以上賞其先得者而更其旌旗車雜而乘之卒善而養之是謂勝敵而益強故兵貴勝不貴久故知兵之將民之司命國家安危之主也

謀攻第三

孫子曰夫用兵之法全國爲上破國次之全軍爲上破軍次之全旅爲上破旅次之全卒爲上破卒次之

全伍爲上破伍次之是故百戰百勝非善之善者也不戰而屈人之兵善之善者也故上兵伐謀其次伐交其次伐兵其下攻城攻城之法爲不得已修櫓轒轀具器械三月而後成距堙又三月而後已將不勝其忿而蟻附之殺士卒三分之一而城不拔者此攻之災也故善用兵者屈人之兵而非戰也拔人之城而非攻也毀人之國而非久也必以全爭於天下故兵不頓而利可全此謀攻之法也用兵之法十則圍之五則攻之倍則分之敵則能戰之少則能逃之不若則能避之故小敵之堅大敵之擒也夫將者國之輔

也輔周則國必強輔隙則國必弱故君之所以患於
軍者三不知軍之不可以進而謂之進不知軍之不
可以退而謂之退是謂縻軍不知三軍之事而同三
軍之政則軍士惑矣不知三軍之權而同三軍之任
則軍士疑矣三軍既惑且疑則諸侯之難至矣是謂
亂軍引勝故知勝有五知可以與戰不可以與戰者
勝識衆寡之用者勝上下同欲者勝以虞待不虞者
勝將能而君不御者勝此五者知勝之道也故曰知
彼知己百戰不殆不知彼而知己一勝一負不知彼
不知己每戰必敗

軍形第四

孫子曰昔之善戰者先爲不可勝以待敵之可勝不可勝在已可勝在敵故善戰者能爲不可勝不能使敵之必可勝故曰勝可知而不可爲不可勝者守也可勝者攻也守則不足攻則有餘善守者藏於九地之下善攻者動於九天之上故能自保而全勝也見勝不過衆人之所知非善之善者也戰勝而天下曰善非善之善者也故舉秋毫不爲多力見日月不爲明目聞雷霆不爲聰耳古之所謂善戰者勝於易勝者也故善戰者之勝也無智名無勇功故其戰勝不

忒不忒者其所措勝勝已敗者也故善戰者立於不敗之地而不失敵之敗也是故勝兵先勝而後求戰敗兵先戰而後求勝善用兵者修道而保法故能為勝敗之政兵法一曰度二曰量三曰數四曰稱五曰勝地生度度生量量生數數生稱稱生勝故勝兵若以鎰稱銖敗兵若以銖稱鎰勝者之戰若決積水於千仞之谿者形也

兵勢第五

孫子曰凡治衆如治寡分數是也鬬衆如鬬寡形名是也三軍之衆可使必受敵而無敗者奇正是也兵

之所加如以碫投卵者虛實是也凡戰者以正合以奇勝故善出奇者無窮如天地不竭如江海終而復始日月是也死而更生四時是也聲不過五五聲之變不可勝聽也色不過五五色之變不可勝觀也味不過五五味之變不可勝嘗也戰勢不過奇正奇正之變不可勝窮也奇正相生如循環之無端孰能窮之哉激水之疾至於漂石者勢也鷙鳥之疾至於毀折者節也故善戰者其勢險其節短勢如彍弩節如發機紛紛紜紜鬬亂而不可亂渾渾沌沌形圓而不可敗亂生於治怯生於勇

弱生於彊治亂數也勇怯勢也彊弱形也故善動敵者形之敵必從之予之敵必取之以利動之以本待之故善戰者求之於勢不責於人故能擇人而任勢任勢者其戰人也如轉木石木石之性安則靜危則動方則止圓則行故善戰人之勢如轉石於千仞之山者勢也

孫子卷上

孫子卷中

虛實第六

孫子曰凡先處戰地而待敵者佚後處戰地而趨戰者勞故善戰者致人而不致於人能使敵人自至者利之也能使敵人不得至者害之也故敵佚能勞之飽能飢之安能動之出其所不趨趨其所不意行千里而不勞者行於無人之地也攻而必取者攻其所不守也守而必固者守其所不攻也故善攻者敵不知其所守善守者敵不知其所攻微乎微乎至於無形神乎神乎至於無聲故能爲敵之司命進而不可禦

者衝其虛也退而不可追者速而不可及也故我欲戰敵雖高壘深溝不得不與我戰者攻其所必救也我不欲戰雖畫地而守之敵不得與我戰者乖其所之也故形人而我無形則我專而敵分我專爲一敵分爲十是以十攻其一也則我衆敵寡能以衆擊寡者則吾之所與戰者約矣吾所與戰之地不可知不可知則敵所備者多敵所備者多則吾所與戰者寡矣故備前則後寡備後則前寡備左則右寡備右則左寡無所不備則無所不寡寡者備人者也衆者使人備已者也故知戰之地知戰之日則可千里而會

戰不知戰地不知戰日則左不能救右右不能救左
前不能救後後不能救前而況遠者數十里近者數
里乎以吾度之越人之兵雖多亦奚益於勝哉故曰
勝可為也敵雖衆可使無鬬故策之而知得失之計
作之而知動靜之理形之而知死生之地角之而知
有餘不足之處故形兵之極至於無形無形則深間
不能窺智者不能謀因形而措勝於衆衆不能知人
皆知我所以勝之形而莫知吾所以制勝之形故其戰
勝不復而應形於無窮夫兵形象水水之形避高而
趨下兵之形避實而擊虛水因地而制流兵因敵而

制勝故兵無常勢水無常形能因敵變化而取勝者謂之神故五行無常勝四時無恒位日有短長月有死生

軍爭第七

孫子曰凡用兵之法將受命於君合軍聚衆交和而舍莫難於軍爭軍爭之難者以迂爲直以患爲利故迂其途而誘之以利後人發先人至此知迂直之計者也軍爭爲利衆爭爲危舉軍而爭利則不及委軍而爭利則輜重捐是故卷甲而趨日夜不處倍道兼行百里而爭利則擒三將軍勁者先疲者後其法十

一而至五十里而爭利則蹶上將軍其法半至三十
里而爭利則三分之二至是故軍無輜重則亡無糧
食則亡無委積則亡故不知諸侯之謀者不能豫交
不知山林險阻沮澤之形者不能行軍不用鄉道者
不能得地利故兵以詐立以利動以分合爲變者也
故其疾如風其徐如林侵掠如火不動如山難知如
陰動如雷震掠鄉分衆廓地分利懸權而動先知迂
直之計者勝此軍爭之法也軍政曰言不相聞故爲
之金鼓視不相見故爲之旌旗夫金鼓旌旗者所以
一人之耳目也人既專一則勇者不得獨進怯者不

得獨退此用衆之法也故夜戰多金鼓晝戰多旌旗所以變人之耳目也三軍可奪氣將軍可奪心是故朝氣銳晝氣惰暮氣歸善用兵者避其銳氣擊其惰歸此治氣者也以治待亂以靜待譁此治心者也以近待遠以佚待勞以飽待飢此治力者也無邀正正之旗勿擊堂堂之陳此治變者也故用兵之法高陵勿向背丘勿逆佯北勿從銳卒勿攻餌兵勿食歸師勿遏圍師必闕窮寇勿迫此用兵之法也

九變第八

孫子曰凡用兵之法將受命於君合軍聚衆圮地無

舍衢地合交絕地無留圍地則謀死地則戰途有所不由軍有所不擊城有所不攻地有所不爭君命有所不受故將通於九變之利者知用兵矣將不通九變之利雖知地形不能得地之利矣治兵不知九變之術雖知五利不能得人之用矣是故智者之慮必雜於利害雜於利而務可信也雜於害而患可解也是故屈諸侯者以害役諸侯者以業趨諸侯者以利故用兵之法無恃其不來恃吾有以待之無恃其不攻恃吾有所不可攻也故將有五危必死可殺必生可虜忿速可侮廉潔可辱愛民可煩凡此五者將

之過也用兵之災也覆軍殺將必以五危不可不察也

行軍第九

孫子曰凡處軍相敵絕山依谷視生處高戰隆無登此處山之軍也絕水必遠水客絕水而來勿迎之於水內令半濟而擊之利欲戰者無附於水而迎客視生處高無迎水流此處水上之軍也絕斥澤唯亟去無留若交軍於斥澤之中必依水草而背衆樹此處斥澤之軍也平陸處易右背高前死後生此處平陸之軍也凡此四軍之利黃帝之所以勝四帝也凡軍好高而惡下貴陽而賤陰養生處實軍無百疾是謂

必勝丘陵隄防必處其陽而右背之此兵之利地之助也上雨水沫至欲涉者待其定也凡地有絕澗天井天牢天羅天陷天隙必亟去之勿近也吾遠之敵近之吾迎之敵背之軍旁有險阻潢井蒹葭林木蘙薈者必謹覆索之此伏姦之所也近而靜者恃其險也遠而挑戰者欲人之進也其所居易者利也衆樹動者來也衆草多障者疑也鳥起者伏也獸駭者覆也塵高而銳者車來也卑而廣者徒來也散而條達者樵採也少而往來者營軍也辭卑而益備者進也辭強而進驅者退也輕車先出居其側者陳也無約

而請和者謀也奔走而陳兵者期也半進半退者誘也杖而立者飢也汲而先飲者渴也見利而不進者勞也鳥集者虛也夜呼者恐也軍擾者將不重也旌旗動者亂也吏怒者倦也殺馬肉食者軍無糧也懸缶不返其舍者窮寇也諄諄諭徐與人言者失眾也數賞者窘也數罰者困也先暴而後畏其眾者不精之至也來委謝者欲休息也兵怒而相迎久而不合又不相去必謹察之兵非貴益多唯無武進足以併力料敵取人而已夫唯無慮而易敵者必擒於人卒未親附而罰之則不服不服則難用卒已親附而

罰不行則不可用故令之以文齊之以武是謂必取令素行以教其民則民服令不素行以教其民則民不服令素行者與衆相得也

孫子卷中

孫子卷下

地形第十

孫子曰地形有通者有掛者有支者有隘者有險者有遠者我可以往彼可以來曰通通形者先居高陽利糧道以戰則利可以往難以返曰掛掛形者敵無備出而勝之敵若有備出而不勝難以返不利我出而不利彼出而不利曰支支形者敵雖利我我無出也引而去之令敵半出而擊之利隘形者我先居之必盈之以待敵若敵先居之盈而勿從不盈而從之險形者我先居之必居高陽以待敵若敵先居之引

而去之勿從也遠形者勢均難以挑戰戰而不利凡此六者地之道也將之至任不可不察也故兵有走者有弛者有陷者有崩者有亂者有北者凡此六者非天地之災將之過也夫勢均以一擊十曰走卒強吏弱曰弛吏強卒弱曰陷大吏怒而不服遇敵懟而自戰將不知其能曰崩將弱不嚴教道不明吏卒無常陳兵縱橫曰亂將不能料敵以少合衆以弱擊強兵無選鋒曰北凡此六者敗之道也將之至任不可不察也夫地形者兵之助也料敵制勝計險阨遠近上將之道也知此而用戰者必勝不知此而用戰者必敗

故戰道必勝主曰無戰必戰可也戰道不勝主曰必
戰無戰可也故進不求名退不避罪唯民是保而利
於主國之寶也視卒如嬰兒故可與之赴深谿視卒
如愛子故可與之俱死愛而不能令厚而不能使亂
而不能治譬如驕子不可用也知吾卒之可以擊而
不知敵之不可擊勝之半也知敵之可擊而不知吾
卒之不可以擊勝之半也知敵之可擊知吾卒之可
以擊而不知地形之不可以戰勝之半也故知兵者
動而不迷舉而不窮故曰知彼知己勝乃不殆知天
知地勝乃可全

九地第十一

孫子曰用兵之法有散地有輕地有爭地有交地有衢地有重地有圮地有圍地有死地諸侯自戰其地者爲散地入人之地而不深者爲輕地我得亦利彼得亦利者爲爭地我可以往彼可以來者爲交地諸侯之地三屬先至而得天下之衆者爲衢地入人之地深背城邑多者爲重地山林險阻沮澤凡難行之道者爲圮地所由入者隘所從歸者迂彼寡可以擊吾之衆者爲圍地疾戰則存不疾戰則亡者爲死地是故散地則無戰輕地則無止爭地則無攻交地則

無絕衢地則合交重地則掠圮地則行圍地則說戎
地則戰古之善用兵者能使敵人前後不相及衆寡
不相恃貴賤不相救上下不相收卒離而不集兵合
而不齊合於利而動不合於利而止敢問敵衆整而
將來待之若何曰先奪其所愛則聽矣兵之情主速
乘人之不及由不虞之道攻其所不戒也凡爲客之
道深入則專主人不克掠於饒野三軍足食謹養而
勿勞并氣積力運兵計謀爲不可測投之無所往死
且不北死焉不得士人盡力兵士甚陷則不懼無所
往則固入深則拘不得已則鬬是故其兵不修而戒

不求而得不約而親不令而信禁祥去疑至死無所之吾士無餘財非惡貨也無餘命非惡壽也令發之日士卒坐者沸霑襟偃臥者涕交頤投之無所往諸歲之勇也故善用兵者譬如率然率然者常山之蛇也擊其首則尾至擊其尾則首至擊其中則首尾俱至敢問可使如率然乎曰可夫吳人與越人相惡也當其同舟濟而遇風其相救也如左右手是故方馬埋輪未足恃也齊勇若一政之道也剛柔皆得地之理也故善用兵者攜手若使一人不得已也將軍之事靜以幽正以治能愚士卒之耳目使之無知易其

事革其謀使人無識易其居迂其途使人不得慮帥
與之期如登高而去其梯帥與之深入諸侯之地而
發其機若驅羣羊驅而往驅而來莫知所之聚三軍
之衆投之於險此將軍之事也九地之變屈伸之利
人情之理不可不察也凡爲客之道深則專淺則散
去國越境而師者絶地也四通者衢地也入深者重
地也入淺者輕地也背固前隘者圍地也無所往者
死地也是故散地吾將一其志輕地吾將使之屬爭
地吾將趨其後交地吾將謹其守衢地吾將固其結
重地吾將繼其食圮地吾將進其途圍地吾將塞其闕

死地吾將示之以不活故兵之情圍則禦不得已則鬬過則從是故不知諸侯之謀者不能豫交不知山林險阻沮澤之形者不能行軍不用鄉導者不能得地利四五者一不知非霸王之兵也夫霸王之兵伐大國則其衆不得聚威加於敵則其交不得合是故不爭天下之交不養天下之權信己之私威加於敵故其城可拔其國可隳施無法之賞懸無政之令犯三軍之衆若使一人犯之以事勿告以言犯之以利勿告以害投之亡地然後存陷之死地然後生夫衆陷於害然後能爲勝敗故爲兵之事在順詳敵之意并

敵一向千里殺將是謂巧能成事是故政舉之日夷關折符無通其使厲於廊廟之上以誅其事敵人開闔必亟入之先其所愛微與之期踐墨隨敵以決戰事是故始如處女敵人開戶後如脫兔敵不及拒

火攻第十二

孫子曰凡火攻有五一曰火人二曰火積三曰火輜四曰火庫五曰火隊行火必有因煙火必素具發火有時起火有日時者天之燥也日者月在箕壁翼軫也凡此四宿者風起之日也凡火攻必因五火之變而應之火發於內則早應之於外火發而其兵靜者

待而勿攻極其火力可從則從之不可從則止火可發於外無待於內以時發之火發上風無攻下風晝風久夜風止凡軍必知五火之變以數守之故以火佐攻者明以水佐攻者強水可以絕不可以奪夫戰勝攻取而不修其功者凶命曰費留故曰明主慮之良將修之非利不動非得不用非危不戰主不可以怒而興師將不可以慍而致戰合於利而動不合於利而止怒可以復喜慍可以復說亡國不可以復存死者不可以復生故明主慎之良將警之此安國全軍之道也

用間第十三

孫子曰凡興師十萬出征千里百姓之費公家之奉日費千金內外騷動怠於道路不得操事者七十萬家相守數年以爭一日之勝而愛爵祿百金不知敵之情者不仁之至也非人之將也非主之佐也非勝之主也故明君賢將所以動而勝人成功出於衆者先知也先知者不可取於鬼神不可象於事不可驗於度必取於人知敵之情者也故用間有五有因間有內間有反間有死間有生間五間俱起莫知其道是謂神紀人君之寶也因間者因其鄉人而用之內

閒者因其官人而用之反閒者因其敵閒而用之死閒者爲誑事於外令吾閒知之而傳於敵閒也生閒者反報也故三軍之事莫親於閒賞莫厚於閒事莫密於閒非聖智不能用閒非仁義不能使閒非微妙不能得閒之實微哉微哉無所不用閒也閒事未發而先聞者閒與所告者皆死凡軍之所欲擊城之所欲攻人之所欲殺必先知其守將左右謁者門者舍人之姓名令吾閒必索知之必索敵閒之來閒我者因而利之導而舍之故反閒可得而用也因是而知之故鄉閒内閒可得而使也因是而知之故死閒

爲誑事主必曰敵因是而知之故生閒可使如期五閒之事主必知之知之必在於反閒故反閒不可不厚也昔殷之興也伊摯在夏周之興也呂牙在殷故明君賢將能以上智爲閒者必成大功此兵之要三軍所恃而動也

孫子卷下

吳子卷上

圖國第一

吳起儒服以兵機見魏文侯文侯曰寡人不好軍旅之事起曰臣以見占隱以往察來主君何言與心違今君四時使斬離皮革掩以朱漆畫以丹青爍以犀象冬日衣之則不溫夏日衣之則不凉為長戟二丈四尺短戟一丈二尺革車奄戶縵輪籠轂觀之於目則不麗乘之以田則不輕不識主君安用此也若以備進戰退守而不求能用者譬猶伏雞之搏貍乳犬之犯虎雖有鬭心隨之死矣昔承桑氏之君修德廢

武以滅其國有扈氏之君恃衆好勇以喪其社稷明主鑒茲必內修文德外治武備故當敵而不進無逮於義矣僵屍而哀之無逮於仁矣於是文侯身自布席夫人捧觴醮吳起於廟立爲大將守西河與諸侯大戰七十六全勝六十四餘則鈞解闢土四面拓地千里皆起之功也

吳子曰昔之圖國家者必先教百姓而親萬民有四不和不和於國不可以出軍不和於軍不可以出陳不和於陳不可以進戰不和於戰不可以決勝是以有道之主將用其民先和而造大事不敢信其私謀

必告於祖廟啓於元龜參之天時吉乃後舉民知君之愛其命惜其死若此之至而與之臨難則士以盡死爲榮退生爲辱矣

吳子曰夫道者所以反本復始義者所以行事立功謀者所以違害就利要者所以保業守成若行不合道舉不合義而處大居貴患必及之是以聖人綏之以道理之以義動之以禮撫之以仁此四德者修之則興廢之則衰故成湯討桀而夏民喜悅周武伐紂而殷人不非舉順天人故能然矣

吳子曰凡制國治軍必教之以禮勵之以義使有

恥也夫人有恥在大足以戰在小足以守矣然戰勝易守勝難故曰天下戰國五勝者禍四勝者弊三勝者霸二勝者王一勝者帝是以數勝得天下者稀以亡者衆

吳子曰凡兵之所起者有五一曰爭名二曰爭利三曰積德惡四曰內亂五曰因饑其名又有五一曰義兵二曰彊兵三曰剛兵四曰暴兵五曰逆兵禁暴救亂曰義恃衆以伐曰彊因怒興師曰剛棄禮貪利曰暴國亂人疲舉事動衆曰逆五者之數各有其道義必以禮服彊必以謙服剛必以辭服暴必以詐服逆必

以權服

武侯問曰願聞治兵料人固國之道起對曰古之明王必謹君臣之禮飾上下之儀安集吏民順俗而教簡募良材以備不虞昔齊桓募士五萬以霸諸侯晉文召為前行四萬以獲其志秦繆置陷陳三萬以服鄰敵故強國之君必料其民民有膽勇氣力者聚為一卒樂以進戰效力以顯其忠勇者聚為一卒能踰高超遠輕足善走者聚為一卒王臣失位而欲見功於上者聚為一卒棄城去守欲除其醜者聚為一卒此五者軍之練銳也有此三千人內出可以決圍外入可以屠城矣

武侯問曰願聞陳必定守必固戰必勝之道起對曰立見且可豈直聞乎君能使賢者居上不肖者處下則陳已定矣民安其田宅親其有司則守已固矣百姓皆是吾君而非鄰國則戰已勝矣

武侯嘗謀事羣臣莫能及罷朝而有喜色起進曰昔楚莊王嘗謀事羣臣莫能及退朝而有憂色申公問曰君有憂色何也曰寡人聞之世不絕聖國不乏賢能得其師者王得其友者霸今寡人不才而羣臣莫及者楚國其殆矣此楚莊王之所憂而君說之臣竊懼矣於是武侯有慙色

料敵第二

武侯謂吳起曰今秦脅吾西楚帶吾南趙衝吾北齊臨吾東燕絕吾後韓據吾前六國兵四守勢甚不便憂此奈何起對曰夫安國家之道先戒爲寶今君已戒禍其遠矣臣請論六國之俗夫齊陳重而不堅秦陳散而自鬬楚陳整而不久燕陳守而不走三晉陳治而不用夫齊性剛其國富君臣驕奢而簡於細民其政寬而祿不均一陳兩心前重後輕故重而不堅擊此之道必三分之獵其左右脅而從之其陳可壞秦性強其地險其政嚴其賞罰信其人不讓皆有鬬

心故散而自戰擊此之道必先示之以利而引去之士貪於得而離其將乘乖獵散設伏投機其將可取楚性弱其地廣其政騷其民疲故整而不久擊此之道襲亂其屯先奪其氣輕進速退弊而勞之勿與戰爭其軍可敗燕性慤其民慎好勇義寡詐謀故守而不走擊此之道觸而迫之陵而遠之馳而後之則上疑而下懼謹我車騎必避之路其將可虜三晉者中國也其性和其政平其民疲於戰習於兵輕其將薄其祿士無死志故治而不用擊此之道阻陳而壓之衆來則拒之去則追之以倦其師此其勢也然則

一軍之中必有虎賁之士力輕扛鼎足輕戎馬搴旗斬將必有能者若此之等選而別之愛而貴之是謂軍命其有工用五兵材力健疾志在吞敵者必加其爵列可以决勝厚其父母妻子勸賞畏罰此堅陳之士可與持久能審料此可以擊倍武侯曰善

吴子曰凡料敵有不卜而與之戰者八一曰疾風大寒早興寤遷刊木濟水不憚艱難二曰盛夏炎熱晏興無間行驅飢渴務於取遠三曰師既淹久糧食無有百姓怨怒祆祥數起上不能止四曰軍資既竭薪芻既寡天多陰雨欲掠無所五曰徒衆不多水地不

利人馬疾疫四鄰不至六曰道遠日暮士衆勞懼倦而未食解甲而息七曰將薄吏輕士卒不固三軍數驚師徒無助八曰陳而未定舍而未畢行阪涉險半隱半出諸如此者擊之勿疑有不占而避之者六一曰土地廣大人民富衆二曰上愛其下惠施流布三曰賞信刑察發必得時四曰陳功居列任賢使能五曰師徒之衆兵甲之精六曰四鄰之助大國之援凡此不如敵人避之勿疑所謂見可而進知難而退也

武侯問曰吾欲觀敵之外以知其內察其進以知其止以定勝負可得聞乎起對曰敵人之來蕩蕩無慮

旌旗煩亂人馬數顧一可擊十必使無措諸侯大會君臣未和溝壘未成禁令未施三軍匈匈欲前不能欲去不敢以半擊倍百戰不殆武侯問敵必可擊之道起對曰用兵必須審敵虛實而趨其危敵人遠來新至行列未定可擊既食未設備可擊奔走可擊勤勞可擊未得地利可擊失時不從可擊旌旗亂動可擊涉長道後行未息可擊涉水半渡可擊險道狹路可擊陳數移動可擊將離士卒可擊心怖可擊凡若此者選鋭衝之分兵繼之急擊勿疑

治兵第三

武侯問曰進兵之道何先起對曰先明四輕二重一信曰何謂也對曰使地輕馬馬輕車車輕人人輕戰明知陰陽則地輕馬芻秣以時則馬輕車膏鐗有餘則車輕人鋒銳甲堅則人輕戰進有重賞退有重刑行之以信令制遠此勝之主也

武侯問曰兵何以爲勝起對曰以治爲勝又問曰不在衆寡對曰若法令不明賞罰不信金之不止鼓之不進雖有百萬何益於用所謂治者居則有禮動則有威進不可當退不可追前却有節左右應麾雖絕成陳雖散成行與之安與之危其衆可合而不可離

可用而不可疲投之所往天下莫當名曰父子之兵

吳子曰凡行軍之道無犯進止之節無失飲食之適無絶人馬之力此三者所以任其上令任其上令則治之所由生也若進止不度飲食不適馬疲人倦而不解舍所以不任其上令上令既廢以居則亂以戰則敗

吳子曰凡兵戰之場立屍之地必死則生幸生則死其善將者如坐漏船之中伏燒屋之下使智者不及謀勇者不及怒受敵可也故曰用兵之害猶豫最大三軍之災生於狐疑

吴子曰夫人當死其所不能敗其所不便故用兵之法教戒爲先一人學戰教成十人十人學戰教成百人百人學戰教成千人千人學戰教成萬人萬人學戰教成三軍以近待遠以佚待勞以飽待飢圓而方之坐而起之行而止之左而右之前而後之分而合之結而解之每變皆習乃授其兵是謂將事

吴子曰教戰之令短者持矛戟長者持弓弩強者持旌旗勇者持金鼓弱者給厮養智者爲謀主鄉里相比什伍相保一鼓整兵二鼓習陳三鼓趨食四鼓嚴辨五鼓就行聞鼓聲合然後舉旗

武侯問曰三軍進止豈有道乎起對曰無當天竈無當龍頭天竈者大谷之口龍頭者大山之端必左青龍右白虎前朱雀後玄武招搖在上從事於下將戰之時審候風所從來風順致呼而從之風逆堅陳以待之

武侯問曰凡畜卒騎豈有方乎起對曰夫馬必安其處所適其水草節其飢飽冬則溫燒夏則涼廡刻剔毛鬣謹落四下戢其耳目無令驚駭習其馳逐閑其進止人馬相親然後可使車騎之具鞍勒銜轡必令完堅凡馬不傷於末必傷於始不傷於飢必傷於飽

日暮道遠必數上下寧勞於人慎無勞馬常令有餘
備敵覆我能明此者橫行天下

吳子卷上

吴子卷下

論將第四

吳子曰夫總文武者軍之將也兼剛柔者兵之事也凡人論將常觀於勇勇之於將乃數分之一爾夫勇者必輕合輕合而不知利未可也故將之所慎者五一曰理二曰備三曰果四曰戒五曰約理者治衆如治寡備者出門如見敵果者臨敵不懷生戒者雖克如始戰約者法令省而不煩受命而不辭敵破而後言返將之禮也故師出之日有死之榮無生之辱

吳子曰凡兵有四機一曰氣機二曰地機三曰事機四

曰力機三軍之衆百萬之師張設輕重在於一人是謂氣機路狹道險名山大塞十夫所守千夫不過是謂地機善行間諜輕兵往來分散其衆使其君臣相怨上下相咎是謂事機車堅管轄舟利櫓楫士習戰陳馬閑馳逐是謂力機知此四者乃可爲將然其威德仁勇必足以率下安衆怖敵決疑施令而下不犯所在寇不敢敵得之國強去之國亡是謂良將

吳子曰夫鼙鼓金鐸所以威耳旌旗麾幟所以威目禁令刑罰所以威心耳威於聲不可不清目威於色不可不明心威於刑不可不嚴三者不立雖有其國

必敗於敵故曰將之所麾莫不從移將之所指莫不
前死
吳子曰凡戰之要必先占其將而察其才因形用權
則不勞而功舉其將愚而信人可詐而誘貪而忽名
可貨而賂輕變無謀可勞而困上富而驕下貧而怨
可離而間進退多疑其衆無依可震而走士輕其將
而有歸志塞易開險可邀而取進道易退道難可來
而前進道險退道易可薄而擊居軍下濕水無所通
霖雨數至可灌而沈居軍荒澤草楚幽穢風飆數至
可焚而滅停久不移將士懈怠其軍不備可潛而襲

武侯問曰兩軍相望不知其將我欲相之其術如何起對曰令賤而勇者將輕銳以嘗之務於北無務於得觀敵之來一坐一起其政以理其追北佯爲不及其見利佯爲不知如此將者名爲智將勿與戰矣若其衆讙譁旌旗煩亂其卒自行自止其兵或縱或橫其追北恐不及見利恐不得此爲愚將雖衆可獲

應變第五

武侯問曰車堅馬良將勇兵強卒遇敵人亂而失行則如之何起對曰凡戰之法晝以旌旗旛麾爲節夜以金鼓笳笛爲節麾左而左麾右而右鼓之則進金

之則止一吹而行再吹而聚不從令者誅三軍服威士卒用命則戰無彊敵攻無堅陳矣

武侯問曰若敵衆我寡爲之柰何起對曰避之於易邀之於阨故曰以一擊十莫善於阨以十擊百莫善於險以千擊萬莫善於阻今有少年卒起擊金鳴鼓於阨路雖有大衆莫不驚動故曰用衆者務易用少者務隘

武侯問曰有師甚衆既武且勇背大險阻右山左水深溝高壘守以彊弩退如山移進如風雨糧食又多難與長守對曰大哉問乎非此車騎之力聖人之

謀也能備千乘萬騎兼之徒步分為五軍各軍一衢夫五軍五衢敵人必惑莫之所加敵人若堅守以固其兵急行間諜以觀其慮彼聽吾說解之而去不聽吾說斬使焚書分為五戰戰勝勿追不勝疾走如是佯北安行疾鬬一結其前一絶其後兩軍銜枚或左或右而襲其處五軍交至必有其力此擊彊之道也

武侯問曰敵近而薄我欲去無路我衆甚懼為之柰何對曰為此之術若我衆彼寡各分而乘之彼衆我寡以方從之從之無息雖衆可服

武侯問曰若遇敵於谿谷之間傍多險阻彼衆我寡爲之奈何起對曰諸丘陵林谷深山大澤疾行亟去勿得從容若高山深谷卒然相遇必先鼓譟而乘之進弓與弩且射且虜審察其政亂則擊之勿疑

武侯問曰左右高山地甚狹迫卒遇敵人擊之不敢去之不得爲之奈何起對曰此謂谷戰雖衆不用募吾材士與敵相當輕足利兵以爲前行分車列騎隱於四旁相去數里無見其兵敵必堅陳進退不敢於是出旌列旆行出山外營之敵人必懼車騎挑之勿令得休此谷戰之法也

武侯問曰吾與敵相遇大水之澤傾輪沒轅水薄車騎舟楫不設進退不得爲之奈何起對曰此謂水戰無用車騎且留其傍登高四望必得水情知其廣狹盡其淺深乃可爲奇以勝之敵若絕水半渡而薄之

武侯問曰天久連雨馬陷車止四面受敵三軍驚駭爲之奈何起對曰凡用車者陰濕則停陽燥則起貴高賤下馳其強車若進若止必從其道敵人若起必逐其跡

武侯問曰暴寇卒來掠吾田野取吾牛羊則如之何起對曰暴寇之來必慮其強善守勿應彼將暮去其

裝必重其心必恐還退務速必有不屬追而擊之其兵可覆

吳子曰凡攻敵圍城之道城邑既破各入其宮御其祿秩收其器物軍之所至無刊其木發其屋取其粟殺其六畜燔其積聚示民無殘心其有請降許而安之

勵士第六

武侯問曰嚴刑明賞足以勝乎起對曰嚴明之事臣不能悉雖然非所恃也夫發號布令而人樂聞興師動衆而人樂戰交兵接刃而人樂死此三者人主之所恃也武侯曰致之奈何對曰君舉有功而進饗之

無功而勵之於是武侯設坐廟廷爲三行饗士大夫上功坐前行餚席兼重器上牢次功坐中行餚席器差減無功坐後行餚席無重器饗畢而出又頒賜有功者父母妻子於廟門外亦以功爲差有死事之家歲被使者勞賜其父母著不忘於心行之三年秦人興師臨於西河魏士聞之不待吏令介胄而奮擊之者以萬數武侯召吳起而謂曰子前日之教行矣起對曰臣聞人有短長氣有盛衰君試發無功者五萬人臣請率以當之脫其不勝取笑於諸侯失權於天下矣今使一死賊伏於曠野千人追之莫不梟視

狼顧何者忌其暴起而害己是以一人投命足懼千夫今臣以五萬之衆而爲一死賊率以討之固難敵矣於是武侯從之兼車五百乘騎三千匹而破秦五十萬衆此勵士之功也先戰一日吳起令三軍曰諸吏士當從受馳車騎與徒若車不得車騎不得騎徒不得徒雖破軍皆無易故戰之日其令不煩而威震天下

吳子卷下

司馬法卷上

仁本第一

古者以仁爲本以義治之之謂正正不獲意則權權出於戰不出於中人是故殺人安人殺之可也攻其國愛其民攻之可也以戰止戰雖戰可也故仁見親義見說智見恃勇見身信見信内得愛焉所以守也外得威焉所以戰也戰道不違時不歷民病所以愛吾民也不加喪不因凶所以愛夫其民也冬夏不興師所以兼愛民也故國雖大好戰必亡天下雖安忘戰必危天下既平天下大愷春蒐秋獮諸侯春

振旅秋治兵所以不忘戰也古者逐奔不過百步縱綏不過三舍是以明其禮也不窮不能而哀憐傷病是以明其義也成列而鼓是以明其信也爭義不爭利是以明其義也又能舍服是以明其勇也知終知始是以明其智也六德以時合教以為民紀之道也自古之政也先王之治順天之道設地之宜官民之德而正名治物立國辨職以爵分祿諸侯說懷海外來服獄弭而兵寢聖德之治也其次賢王制禮樂法度乃作五刑興甲兵以討不義巡狩者方會諸侯考不同其有失命亂常背德逆天之時而危有功之君徧告

于諸侯彰明有罪乃告于皇天上帝日月星辰禱于后土四海神祇山川冢社乃造于先王然後冢宰徵師于諸侯曰某國爲不道征之以某年月日師至于某國會天子正刑冢宰與百官布令於軍曰入罪人之地無暴神祇無行田獵無毀土功無燔牆屋無伐林木無取六畜禾黍器械見其老幼奉歸勿傷雖遇壯者不校勿敵敵若傷之醫藥歸之既誅有罪王及諸侯修正其國舉賢立明正復厥職王霸之所以治諸侯者六以土地形諸侯以政令平諸侯以禮信親諸侯以材力說諸侯以謀人維諸侯以兵革服諸侯

同患同利以合諸侯比小事大以和諸侯會之以發
禁者九憑弱犯寡則眚之賊賢害民則伐之暴內陵
外則壇之野荒民散則削之負固不服則侵之賊殺
其親則正之放弒其君則殘之犯令陵政則杜之外
內亂禽獸行則滅之

天子之義第二

天子之義必純取灋天地而觀於先聖士庶之義必
奉於父母而正於君長故雖有明君士不先教不可
用也古之教民必立貴賤之倫經使不相陵德義不
相踰材技不相掩勇力不相犯故力同而意和也古

者國容不入軍軍容不入國故德義不相踰上貴不伐之士不伐之士上之器也苟不伐則無求無求則不爭國中之聽必得其情軍旅之聽必得其宜故材技不相掩從命爲士上賞犯命爲士上戮故勇力不相犯既致教其民然後謹選而使之事極修則百官給矣教極省則民興良矣習貫成則民體俗矣教化之至也古者逐奔不遠縱綏不及不遠則難誘不及則難陷以禮爲固以仁爲勝既勝之後其教可復是以君子貴之也有虞氏戒於國中欲民體其命也夏后氏誓於軍中欲民先成其慮也殷誓於軍門之外欲

民先意以行事也周將交刃而誓之以致民志也夏
后氏正其德也未用兵之刃故其兵不雜殷義也始
用兵之刃矣周力也盡用兵之刃矣夏賞於朝貴善
也殷戮於市威不善也周賞於朝戮於市勸君子懼
小人也三王彰其德一也兵不雜則不利長兵以衛
短兵以守太長則難犯太短則不及太輕則銳銳則
易亂太重則鈍鈍則不濟戎車夏后氏曰鉤車先正
也殷曰寅車先疾也周曰元戎先良也旂夏后氏玄
首人之執也殷白天之義也周黃地之道也章夏后
氏以日月尚明也殷以虎白戎也周以龍尚文也師

多務威則民詘少威則民不勝上使民不得其義百姓不得其敘技用不得其利牛馬不得其任有司陵之此謂多威多威則民詘上不尊德而任詐慝不尊道而任勇力不貴用命而貴犯命不貴善行而貴暴行陵之有司此謂少威少威則民不勝軍旅以舒為主舒則民力足雖交兵致刃徒不趨車不馳逐奔不踰列是以不亂軍旅之固不失行列之政不絕人馬之力遲速不過誡命古者國容不入軍軍容不入國軍容入國則民德廢國容入軍則民德弱故在國言文而語溫在朝恭以遜修己以待人不召不至不問

不言難進易退在軍抗而立在行遂而果介者不拜兵車不式城上不趨危事不齒故禮與灋表裏也文與武左右也古者賢王明民之德盡民之善故無廢德無簡民賞無所生罰無所試有虞氏不賞不罰而民可用至德也夏賞而不罰至教也殷罰而不賞至威也周以賞罰德衰也賞不踰時欲民速得為善之利也罰不遷列欲民速覩為不善之害也大捷不賞上下皆不伐善上苟不伐善則不驕矣下苟不伐善必亡等矣上下不伐善若此讓之至也大敗不誅上下皆以不善在己上苟以不善在己必悔其過下苟

以不善在己必遠其罪上下分惡若此讓之至也古者戍軍三年不興覩民之勞也上下相報若此和之至也得意則愷歌示喜也偃伯靈臺荅民之勞示休也

司馬法卷上

司馬灋卷中

定爵第三

凡戰定爵位著功罪收遊士申敎詔訊厥衆求厥技方慮極物變嫌推疑養力索巧因心之動凡戰固衆相利治亂進止服正成恥約法省罰小罪乃殺小罪勝大罪因順天阜財懌衆利地右兵是謂五慮順天奉時阜財因敵懌衆勉若利地守隘險阻右兵弓矢禦殳矛守戈戟助凡五兵五當長以衛短短以救長迭戰則久皆戰則強見物與侔是謂兩之主固勉若視敵而舉將心心也衆心心也馬牛車兵佚飽力也

教惟豫戰惟節將軍身也卒支也伍指拇也凡戰智也鬪勇也陳巧也用其所欲行其所能廢其不欲不能於敵反是凡戰有天有財有善時日不遷龜勝微行是謂有天衆有有因生美是謂有財人習陳利極物以豫是謂有善人勉及任是謂樂人大軍以固多力以煩堪物簡治見物應卒是謂行豫輕車輕徒弓矢固禦是謂大軍密靜多內力是謂固陳因是進退是謂多力上暇人教是謂煩陳然有以職是謂堪物因是辨物是謂簡治稱衆因地因敵令陳攻戰守進退止前後序車徒因是謂戰參不服不信不和怠疑

厭懾枝拄詘頓肆崩緩是謂戰患驕驕懾懾吟嚝虞懼事悔是謂毀折大小堅柔參伍衆寡允兩是謂戰權凡戰間遠觀邇因時因財貴信惡疑作兵義作事時使人惠見敵靜見亂暇見危難無忘其衆居國惠以信在軍廣以武刃上果以敏居國和在軍瀍刃上察居國見好在軍見方刃上見信凡陳行惟疏戰惟密兵惟雜人敎厚靜乃治威利章相守義則人勉慮多成則人服時中服厥次治物旣章目乃明慮旣定心乃強進退無疑見敵無謀聽誅無誰其名無變其旗凡事善則長因古則行誓作章人乃強滅厲祥滅

厲之道一曰義被之以信臨之以強成基一天下之
形人莫不說是謂兼用其人一曰權成其溢奪其好
我自其外使自其內一曰人二曰正三曰辭四曰巧五
曰火六曰水七曰兵是謂七政榮利恥死是謂四守
容色積威不過改意凡此道也唯仁有親有仁無信
反敗厥身人人正正辭辭火火凡戰之道既作其氣
因發其政假之以色道之以辭因懼而戒因欲而事
蹈敵制地以職命之是謂戰灋凡人之形由衆之求
試以名行必善行之若行不行身以將之若行而行
因使勿忘三乃成章人生之宜謂之灋凡治亂之道

一曰仁二曰信三曰直四曰一五曰義六曰變七曰尊

立法一曰受二曰灋三曰立四曰疾五曰御其服六曰等其色七曰百官宜無滛服凡軍使灋在己曰專與下畏法曰法軍無小聽戰無小利日成行微曰道凡戰正不符則事專不服則法不相信則一若怠則動之若疑則變之若人不信上則行其不復自古之政也

司馬法卷中

司馬灋卷下

嚴位第四

凡戰之道位欲嚴政欲栗力欲窕氣欲閑心欲一凡戰之道等道義立卒伍定行列正縱橫察名實立進俯坐進跪畏則密危則坐遠者視之則不畏邇者勿視則不散位下左右下甲坐誓徐行之位逮徒甲籌以輕重振馬譟徒甲畏亦密之跪坐坐伏則膝行而寬誓之起譟鼓而進則以鐸止之銜枚誓糗坐膝行而推之執戮禁顧譟以先之若畏太甚則勿戮殺示以顏色告之以所生循省其職凡三軍人戒分日人

禁不息不可以分食方其疑惑可師可服凡戰以力久以氣勝以固久以危勝本心固新氣勝以甲固以兵勝凡車以密固徒以坐固甲以重固兵以輕勝人有勝心惟敵之視人有畏心惟畏之視兩心交定兩利若一兩爲之職惟權視之凡戰以輕行輕則危以重行重則無功以輕行重則敗以重行輕則戰故戰相爲輕重舍謹甲兵行陣行列戰謹進止凡戰敬則慊率則服上煩輕上暇重奏鼓輕舒鼓重服膚輕服美重凡馬車堅甲兵利輕乃重上同無獲上專多死上生多疑上死不勝凡人死愛死怒死威死義死利

凡戰之道教約人輕死道約人死正凡戰若勝若否若天若人凡戰三軍之戒無過三日一卒之警無過分日一人之禁無過皆息凡大善用本其次用末執略守微本末唯權戰也凡勝三軍一人勝凡鼓鼓旌旗鼓車鼓馬鼓徒鼓兵鼓首鼓足鼓兼齊凡戰既固勿重重進勿盡凡盡危凡戰非陳之難使人可陳難非使可陳難使人可用難非知之難行之難人方有性性州異教成俗俗州異道化俗凡衆寡既勝若否兵不告利甲不告堅車不告固馬不告良衆不自多未獲道凡戰勝則與衆分善若將復戰則重賞罰

若使不勝取過在巳復戰則誓以居前無復先術勝否勿反是謂正則凡民以仁救以義戰以智決以勇鬬以信專以利勸以功勝故心中仁行中義堪物智也堪大勇也堪久信也讓以和人以洽自子以不循爭賢以爲人說其心效其力凡戰擊其微靜避其強靜擊其倦勞避其閑窕擊其大懼避其小懼自古之政也

用衆第五

凡戰之道用寡固用衆治寡利煩衆利正用衆進止用寡進退衆以合寡則遠裹而闕之若分而迭擊寡

以待衆若衆疑之則自用之擅利則釋旗迎而反之敵若衆則相衆而受裹敵若寡若畏則避之開之凡戰背風背高右高左險歷沛歷圯兼舍環龜凡戰設而觀其作視敵而舉待則循而勿鼓待衆之作攻則屯而伺之凡戰衆寡以觀其變進退以觀其固危而觀其懼靜而觀其怠動而觀其疑襲而觀其治擊其疑加其卒致其屈襲其規因其不避阻其圖奪其慮乘其懼凡從奔勿息敵人或止於路則慮之凡近敵都必有進路退必有返慮凡戰先則弊後則懾息則怠不息亦弊息久亦反其懾書親絕是謂絕顧之慮

選良次兵是謂益人之強棄任節食是謂開人之意

自古之政也

司馬灋卷下

唐太宗李衛公問對卷上

太宗曰高麗數侵新羅朕遣使諭不奉詔將討之如何靖曰探知蓋蘇文自恃知兵謂中國無能討故違命臣請師三萬擒之太宗曰兵少地遥以何術臨之靖曰臣以正兵太宗曰平突厥時用奇兵今言正兵何也靖曰諸葛亮七擒孟獲無他道也正兵而已矣太宗曰晉馬隆討涼州亦是依八陳圖作偏箱車地廣則用鹿角車營路狹則為木屋施於車上且戰且前信乎正兵古人所重也靖曰臣討突厥西行數千里若非正兵安能致遠偏箱鹿角兵之大要一則治

力一則前拒一則東部伍三者迭相為用斯馬隆所得古法深矣

太宗曰朕破宋老生初交鋒義師少却朕親以鐵騎自南原馳下橫突之老生兵斷後大潰遂擒之此正兵乎奇兵乎靖曰陛下天縱聖武非學而能臣案兵法自黃帝以來先正而後奇先仁義而後權譎且霍邑之戰師以義舉者正也建成墜馬右軍少却者奇也太宗曰彼時少却幾敗大事曷謂奇邪靖曰凡兵以前向為正後却為奇且右軍不却則老生安致之來哉法曰利而誘之亂而取之老生不知兵恃勇急

進不意斷後見擒於陛下此所謂以奇爲正也太宗曰霍去病暗與孫吳合誠有是夫當石軍之却也高祖失色及朕奮擊反爲我利孫吳暗合卿實知言

太宗曰凡兵却皆謂之奇乎靖曰不然夫兵却旗參差而不齊鼓大小而不應令喧囂而不一此眞敗却也非奇也若旗齊鼓應號令如一紛紛紜紜雖退走非敗也必有奇也法曰佯北勿追又曰能而示之不能皆奇之謂也太宗曰霍邑之戰右軍少却其天乎老生被擒其人乎靖曰若非正兵變爲奇奇兵變爲正則安能勝哉故善用兵者奇正在人而已變而神

之所以推乎天也太宗俛首
太宗曰奇正素分之歟臨時制之歟靖曰案曹公新書曰已二而敵一則一術爲正一術爲奇已五而敵一則三術爲正二術爲奇此言大略爾唯孫武云戰勢不過奇正奇正之變不可勝窮奇正相生如循環之無端孰能窮之斯得之矣安有素分之邪若士卒未習吾法偏裨未熟吾令則必爲之二術教戰時各認旗鼓迭相分合故曰分合爲變此教戰之術爾教閱既成衆知吾法然後如驅羣羊由將所指孰分奇正之別哉孫武所謂形人而我無形此乃奇正之極

致是以素分者教閱也臨時制變者不可勝窮也太宗曰深乎深乎曹公必知之矣但新書所以授諸將而已非奇正本法

太宗曰曹公云奇兵旁擊卿謂若何靖曰臣按曹公注孫子曰先出合戰爲正後出爲奇此與旁擊之拘異焉臣愚謂大衆所合爲正將所自出爲奇烏有先後旁擊之拘哉太宗曰吾之正使敵視以爲奇吾之奇使敵視以爲正斯所謂形人者歟以奇爲正以正爲奇變化莫測斯所謂無形者歟靖再拜曰陛下神聖迥出古人非臣所及

太宗曰分合爲變者奇正安在靖曰善用兵者無不正無不奇使敵莫測故正亦勝奇亦勝三軍之士止知其勝莫知其所以勝非變而能通安能至是哉分合所出唯孫武能之吳起而下莫可及焉太宗曰吳術若何靖曰臣請略言之魏武侯問吳起兩軍相向起曰使賤而勇者前擊鋒始交而北北而勿罰觀敵進取一坐一起奔北不追則敵有謀矣若悉衆追北行止縱横此敵人不才擊之勿疑臣謂吳術大率多此類非孫武所謂以正合也

太宗曰卿舅韓擒虎嘗言卿可與論孫吳亦奇正之

謂乎靖曰擒虎安知奇正之極但以奇爲奇以正爲正爾曾未知奇正相變循環無窮者也太宗曰古人臨陳出奇攻人不意斯亦相變之法乎靖曰前代戰鬬多是以小術而勝無術以片善而勝無善斯安足以論兵法也若謝玄之破苻堅非謝玄之善也蓋苻堅之不善也太宗顧侍臣檢謝玄傳閱之曰苻堅甚處是不善靖曰臣觀苻堅載記曰秦諸軍皆潰敗唯慕容垂一軍獨全堅以千餘騎赴之垂子寶勸垂殺堅不果此有以見秦師之亂慕容垂獨全蓋堅爲垂所陷明矣夫爲人所陷而欲勝敵不亦難乎臣故

曰無術焉苻堅之類是也太宗曰孫子謂多筭勝少筭有以知少筭勝無筭凡事皆然

太宗曰黄帝兵法世傳握奇文或謂爲握機文何謂也靖曰奇音機故或傳爲機其義則一考其詞云四爲正四爲奇餘奇爲握機奇餘零也因此音機臣愚謂兵無不是機安在乎握而言也當爲餘奇則是夫正兵受之於君奇兵將所自出法曰令素行以教其民者則民服此受之於君者也又曰兵不豫言君命有所不受此將所自出者也凡將正而無奇則守將也奇而無正則鬬將也奇正皆得國之輔也是故握

機握奇本無二法在學者兼通而已
太宗曰陳數有九中心零者大將握之四面八向皆取準焉陳間容陳隊間容隊以前為後以後為前進無速奔退無遽走四頭八尾觸處為首敵衝其中兩頭皆救數起於五而終於八此何謂也靖曰諸葛亮以石縱橫布為八行方陳之法即此圖也臣嘗教閱必先此陳世所傳握機文蓋得其粗也
太宗曰天地風雲龍虎鳥蛇斯八陳何義也靖曰傳之者誤也古人祕藏此法故詭設八名爾八陳本一也分為八焉若天地者本乎旗號風雲者本乎旛名

龍虎鳥蛇者本乎隊伍之別後世誤傳詭設物象何止八而已乎太宗曰數起於五而終於八則非設象實古制也卿試陳之靖曰臣案黃帝始立丘井之法因以制兵故井分四道八家處之其形井字開方九焉五爲陳法四爲閒地此所謂數起於五也虛其中大將居之環其四面諸部連繞此所謂終於八也及乎變化制敵則紛紛紜紜鬬亂而法不亂渾渾沌沌形圓而勢不散此所謂散而成八復而爲一者也太宗曰深乎黃帝之制兵也後世雖有天智神略莫能出其閫閾降此孰有繼之者乎靖曰周之始興則太

公實繕其法始於岐都以建井畝戎車三百兩虎賁三百人以立軍制六步七步六伐七伐以教戰法陳師牧野太公以百夫致師以成武功以四萬五千人勝紂七十萬衆周司馬法本太公者也太公既沒齊人得其遺法至桓公霸天下任管仲復修太公法謂之節制之師諸侯畢服太宗曰儒者多言管仲霸臣而已殊不知兵法乃本於王制也諸葛亮王佐之才自比管樂以此知管仲亦王佐也但周衰時王不能用故假齊興師爾靖再拜曰陛下神聖知人如此老臣雖死無媿昔賢也臣請言管仲制齊之法三分齊

國以爲三軍五家爲軌故五人爲伍十軌爲里故五十人爲小戎四里爲連故二百人爲卒十連爲鄉故二千人爲旅五鄉一帥故萬人爲軍亦由司馬法一帥五旅一旅五卒之義焉其實皆得太公之遺法

太宗曰司馬法人言穰苴所述是歟否也靖曰案史記穰苴傳齊景公時穰苴善用兵敗燕晉之師景公尊爲司馬之官由是稱司馬穰苴子孫號司馬氏至齊威王追論古司馬法又述穰苴所學遂有司馬穰苴書數十篇今世所傳兵家流又分權謀形勢陰陽技巧四種皆出司馬法也太宗曰漢張良韓信序

次兵法凡百八十二家刪取要用定著三十五家今失其傳何也靖曰張良所學太公六韜三略是也韓信所學穰苴孫武是也然大體不出三門四種而已

太宗曰何謂三門靖曰臣案太公謀八十一篇所謂陰謀不可以言窮太公言七十一篇不可以兵窮太公兵八十五篇不可以財窮此三門也太宗曰何謂四種靖曰漢任宏所論是也凡兵家流權謀爲一種形勢爲一種及陰陽技巧二種此四種也

太宗曰司馬法首序蒐狩何也靖曰順其時而要之以神重其事也周禮最爲大政成有岐陽之蒐康有

酆宮之朝穆有塗山之會此天子之事也及周衰齊桓有召陵之師晉文有踐土之盟此諸侯奉行天子之事也其實用九伐之法以威不恪假之以朝會因之以巡狩訓之以甲兵言無事兵不妄舉必於農隙不忘武備也故首序蒐狩不其深乎

太宗曰春秋楚子二廣之法云百官象物而動軍政不戒而備此亦得周制歟靖曰案左氏說楚子乘廣三十乘廣有一卒卒偏之兩軍行右轅以轅為法故挾轅而戰皆周制也臣謂百人曰卒五十人曰兩此是每車一乘用士百五十人此周制差多爾周一乘

步卒七十二人甲士三人以二十五人爲一甲凡三
甲共七十五人楚山澤之國車少而人多分爲三隊
則與周制同矣

太宗曰春秋荀吳伐狄毀車爲行亦正兵歟奇兵歟
靖曰荀吳用車法爾雖舍車而法在其中焉一爲左
角一爲右角一爲前拒分爲三隊此一乘法也千萬
乘皆然臣案曹公新書云攻車七十五人前拒一隊
左右角二隊守車一隊炊子十人守裝五人廄養五
人樵汲五人共二十五人攻守二乘凡百人興兵十
萬用車千乘輕重二千此大率荀吳之舊法也又觀

漢魏之間軍制五車爲隊僕射一人十車爲師率長一人凡車千乘將吏二人多多倣此臣以今法參用之則跳盪騎兵也戰鋒隊步騎相半也駐隊兼車乘而出也臣西討突厥越險數千里此制未嘗敢易蓋古法節制信可重焉

太宗幸靈州迴召靖賜坐曰朕命道宗及阿史那社尒等討薛延陁而鐵勒諸部乞置漢官朕皆從其請延陁西走恐爲後患故遣李勣討之今北荒悉平然諸部蕃漢雜處以何道經久使得兩全安之靖曰陛下勑自突厥至回紇部落凡置驛六十六處以通斥

候斯已得策矣然臣愚以謂漢戍宜自爲一法蕃落宜自爲一法敎習各異勿使混同或遇寇至則密勑主將臨時變號易服出奇擊之太宗曰何道也靖曰此所謂多方以誤之之術也蕃而示之漢漢而示之蕃彼不知蕃漢之別則莫能測我攻守之計矣善用兵者先爲不可測則敵乖其所之也太宗曰正合朕意卿可密敎邊將只以此蕃漢便見奇正之法矣靖拜舞曰聖慮天縱聞一知十臣安能極其說哉

太宗曰諸葛亮言有制之兵無能之將不可敗也無制之兵有能之將不可勝也朕疑此談非極致之論

靖曰武侯有所激云爾臣案孫子曰教道不明吏卒無常陳兵縱橫曰亂自古亂軍引勝不可勝紀夫教道不明者言教閱無古法也吏卒無常者言將臣權任無久職也亂軍引勝者言己自潰敗非敵勝之也是以武侯言兵卒有制雖庸將未敗若兵卒自亂雖賢將危之又何疑焉太宗曰教閱之法信不可忽靖曰教得其道則士樂爲用教不得法雖朝督暮責無益於事矣臣所以區區古制皆纂以圖者庶乎成有制之兵也太宗曰卿爲我擇古陳法悉圖以上

太宗曰蕃兵唯勁馬奔衝此奇兵歟漢兵唯強弩犄

角此正兵歟靖曰案孫子云善用兵者求之於勢不責於人故能擇人而任勢夫所謂擇人者各隨蕃漢所長而戰也蕃長於馬馬利乎速鬬漢長於弩弩利乎緩戰此自然各任其勢也然非奇正所分臣前曾部蕃漢必變號易服者奇正相生之法也馬亦有正弩亦有奇何常之有哉太宗曰卿更細言其術靖曰先形之使敵從之是其術也太宗曰朕悟之矣孫子曰形兵之極至於無形又曰因形以措勝於衆衆不能知其此之謂乎靖再拜曰深乎陛下聖慮已思過半矣

太宗曰近契丹奚皆內屬置松漠饒樂二都督統於
安北都護朕用薛萬徹如何靖曰萬徹不如阿史那
社介及執失思力契苾何力此皆蕃臣之知兵者也
因常與之言松漠饒樂山川道路蕃情逆順遠至于
西域部落十數種歷歷可信臣教之以陳法無不點
頭服義望陛下任之勿疑若萬徹則勇而無謀難以
獨任太宗笑曰蕃人皆爲卿役使古人云以蠻夷攻
蠻夷中國之勢也卿得之矣

唐太宗李衛公問對卷上

唐太宗李衛公問對卷中

太宗曰朕觀諸兵書無出孫武孫武十三篇無出虛實夫用兵識虛實之勢則無不勝焉今諸將中但能言背實擊虛及其臨敵則鮮識虛實者蓋不能致人而反爲敵所致故也如何卿悉爲諸將言其要靖曰先教之以奇正相變之術然後語之以虛實之形可也諸將多不知以奇爲正以正爲奇且安識虛是實實是虛哉太宗曰策之而知得失之計作之而知動靜之理形之而知死生之地角之而知有餘不足之處此則奇正在我虛實在敵歟靖曰奇正者所以

致敵之虛實也敵實則我必以正敵虛則我必為奇苟將不知奇正則雖知敵虛實安能致之哉臣奉詔但教諸將以奇正然後虛實自知焉太宗曰以奇為正者敵意其奇則吾正擊之以正為奇者敵意其正則吾奇擊之使敵勢常虛我勢常實當以此法授諸將使易曉爾靖曰千章萬句不出乎致人而不致於人而已臣當以此教諸將

太宗曰朕置瑤池都督以隸安西都護蕃漢之兵如何處置靖曰天之生人本無蕃漢之別然地遠荒漠必以射獵而生由此常習戰鬬若我恩信撫之衣食

周之則皆漢人矣陛下置此都護臣請收漢戍卒處之內地減省糧饋兵家所謂治力之法也但擇漢吏有熟蕃情者散守保障此足以經久或遇有警則漢卒出焉

太宗曰孫子所言治力何如靖曰以近待遠以佚待勞以飽待飢此略言其槩爾善用兵者推此三義而有六焉以誘待來以靜待躁以重待輕以嚴待懈以治待亂以守待攻反是則力有弗逮非治之之術安能臨兵哉太宗曰今人習孫子者但誦空文鮮克推廣其義治力之法宜徧告諸將

太宗曰舊將老卒凋零殆盡諸軍新置不經陳敵今教以何道爲要靖曰臣常教士分爲三等必先結伍法伍法既成授之軍校此一等也軍校之法以一爲十以十爲百此一等也授之裨將裨將乃總諸校之隊聚爲陳圖此一等也大將軍察此三等之教於是大閱稽考制度分別奇正誓衆行罰陛下臨高觀之無施不可

太宗曰伍法有數家孰者爲要靖曰臣案春秋左氏傳云先偏後伍又司馬法曰五人爲伍尉繚子有束伍令漢制有尺籍伍符後世符籍以紙爲之於是失其

制矣臣酌其法自五人而變爲二十五人自二十五人而變爲七十五人此則步卒七十二人甲士三人之制也舍車用騎則二十五人當八馬此則五兵五當之制也是則諸家兵法唯伍法爲要小列之五人大列之二十五人參列之七十五人又五參其數得三百七十五人三百人爲正六十人爲奇此則百五十人分爲二正而三十人分爲二奇蓋左右等也穰苴所謂五人爲伍十伍爲隊至今因之此其要也

太宗曰朕與李勣論兵多同卿說但勣不究出處爾卿所製六花陳法出何術乎靖曰臣所本諸葛亮八

陳法也大陳包小陳大營包小營隅落鉤連曲折相
對古制如此臣爲圖因之故外畫之方內環之圓是
成六花俗所號爾太宗曰內圓外方何謂也靖曰方
生於正圓生於奇方所以矩其步圓所以綴其旋是
以步數定於地行綴應乎天步定綴齊則變化不
亂八陳爲六武侯之舊法焉太宗曰畫方以見步點
圓以見兵步教足法兵教手法手足便利思過半乎
靖曰吳起云絕而不離却而不散此步法也教士猶
布棊於盤若無畫路棊安用之孫武曰地生度度生
量量生數數生稱稱生勝勝兵若以鎰稱銖敗兵若

以銖稱鎰皆起於度量方圓也太宗曰深乎孫武之言不度地之遠近形之廣狹則何以制其節乎靖曰庸將罕能知其節者也善戰者其勢險其節短勢如彍弩節如發機臣修其術凡立隊相去各十步駐隊去前隊二十步每隔一隊立一戰隊前進以五十步爲節角一聲諸隊皆散立不過十步之內至第四角聲籠槍跪坐於是鼓之三呼三擊三十步至五十步以制敵之變馬軍從背出亦五十步臨時節止前正後奇觀敵如何再鼓之則前奇後正復邀敵來伺隙擣虛此六花大率皆然也

太宗曰曹公新書云作陳對敵必先立表引兵就表而陳一部受敵餘部不進救者斬此何術乎靖曰臨敵立表非也此但教戰時法爾古人善用兵者教正不教奇驅衆若驅羣羊與之進與之退不知所之也曹公驕而好勝當時諸將奉新書者莫敢攻其短且臨敵立表無乃晚乎臣竊觀陛下所製破陳樂舞前出四表後綴八旛左右折旋趨步金鼓各有其節此即八陳圖四頭八尾之制也人間但見樂舞之盛豈有知軍容如斯焉太宗曰昔漢高帝定天下歌云安得猛士兮守四方蓋兵法可以意授不可以語傳朕

爲破陳樂舞唯卿已曉其表矣後世其知我不苟作也
太宗曰方色五旗爲正平旛麾折衝爲奇乎分合
爲變其隊數曷爲得宜靖曰臣參用古法凡三隊合
則旗相倚而不交五隊合則兩旗交十隊合則五旗
交吹角開五交之旗則一復散而爲十開二交之旗
則一復散而爲五開相倚不交之旗則一復散而爲
三兵散則以合爲奇合則以散爲奇三令五申三散
合然復歸於正四頭八尾乃可教焉此隊法所宜也
太宗稱善
太宗曰曹公有戰騎陷騎遊騎今馬軍何等比乎靖

曰臣案新書云戰騎居前陷騎居中遊騎居後如此則是各立名號分爲三類爾大抵騎隊八馬當車徒二十四人二十四騎當車徒七十二人此古制也車徒常教以正騎隊常教以奇據曹公前後及中分爲三覆不言兩廂舉一端言也後人不曉三覆之義則戰騎必前於陷騎遊騎如何使用臣熟用此法回軍轉陳則遊騎當前戰騎當後陷騎臨變而分皆曹公之術也太宗笑曰多少人爲曹公所惑

太宗曰車步騎三者一法也其用在人乎靖曰臣案春秋魚麗陳先偏後伍此則車步無騎謂之左右拒

言拒禦而已非取出奇勝也晉荀吳伐狄舍車為行此則騎多為便唯務奇勝非拒禦而已臣均其術凡一馬當三人車步稱之混為一法用之在人敵安知吾車果何出騎果何來徒果何從哉或潛九地或動九天其知如神唯陛下有焉臣何足以知之

太宗曰太公書云地方六百步或六十步表十二辰其術如何靖曰畫地方一千二百步開方之形也每部占地二十步之方橫以五步立一人縱以四步立一人凡二千五百人分五方空地四處所謂陳間容陳者也武王伐紂虎賁各掌三千人每陳六千人共

三萬之衆此太公畫地之法也
太宗曰卿六花陳畫地幾何靖曰大閱地方千二百步者其義六陳各占地四百步分爲東西兩廂空地一千二百步爲教戰之所臣常教士三萬每陳五千人以其一爲營法五爲方圓曲直銳之形每陳五變凡二十五變而止
太宗曰五行陳如何靖曰本因五方色立此名方圓曲直銳實因地形使然凡軍不素習此五者安可以臨敵乎兵詭道也故強名五行焉文之以術數相生相克之義其實兵形象水因地制流此其旨也

太宗曰李勣言牝牡方圓伏兵法古有是否靖曰牝牡之法出於俗傳其實陰陽二義而已臣按范蠡云後則用陰先則用陽盡敵陽節盈吾陰節而奪之此兵家陰陽之妙也范蠡又云設右爲牝益左爲牡早晏以順天道此則左右早晏臨時不同在乎奇正之變者也左右者人之陰陽早晏者天之陰陽奇正者天人相變之陰陽若執而不變則陰陽俱廢如何守牝牡之形而已故形之者以奇示敵非吾正也勝之者以正擊敵非吾奇也此謂奇正相變兵伏者不止山谷草木伏藏所以爲伏也其正如山其奇如雷敵

雖對面莫測五音奇正所在至此夫何形之有焉
太宗曰四獸之陳又以商羽徵角象之何道也靖曰詭道也太宗曰可廢乎靖曰存之所以能廢之也若廢而不用詭愈甚焉太宗曰何謂也靖曰假之以四獸之陳及天地風雲之號又加商金羽水徵火角木之配此皆兵家自古詭道存之則餘詭不復增矣廢之則使貪使愚之術從何而施哉太宗良久曰卿宜祕之無泄於外

太宗曰嚴刑峻法使人畏我而不畏敵朕甚惑之昔光武以孤軍當王莽百萬之衆非有刑法臨之此何

由乎靖曰兵家勝敗情狀萬殊不可以一事推也如陳勝吳廣敗秦師豈勝廣刑法能加於秦乎光武之起蓋順人心之怨莽也況又王尋王邑不曉兵法徒誇兵衆所以自敗臣案孫子曰卒未親附而罰之則不服已親附而罰不行則不可用此言凡將先有愛結於士然後可以嚴刑也若愛未加而獨用峻法鮮克濟焉太宗曰尚書云威克厥愛允濟愛克厥威允罔功何謂也靖曰愛設於先威設於後不可反是也若威加於前愛救於後無益於事矣尚書所以慎戒其終非所以作謀於始也故孫子之法萬代不刊

太宗曰卿平蕭銑諸將皆欲籍僞臣家以賞士卒獨
卿不從以謂蒯通不戮於漢既而江漢歸順朕由是
思古人有言曰文能附衆武能威敵其卿之謂乎靖
曰漢光武平赤眉入賊營中案行賊曰蕭王推赤心
於人腹中此蓋先料人情本非爲惡豈不豫慮哉臣
頃討突厥總蕃漢之衆出塞千里未嘗戮一楊干斬
一莊賈亦推赤誠存至公而已矣陛下過聽擢臣以
不次之位若於文武則何敢當

太宗曰昔唐儉使突厥卿因擊而敗之人言卿以儉
爲死間朕至今疑焉如何靖再拜曰臣與儉比肩事

主料儉說必不能柔服故臣因縱兵擊之所以去大惡不顧小義也人謂以儉爲死間非臣之心案孫子用間最爲下策臣嘗著論其末云水能載舟亦能覆舟或用間以成功或憑間以傾敗若束髮事君當朝正色忠以盡節信以竭誠雖有善間安可用乎唐儉小義陛下何疑太宗曰誠哉非仁義不能使間此豈纖人所爲乎周公大義滅親況一使人乎灼無疑矣太宗曰兵貴爲主不貴爲客貴速不貴久何也靖曰兵不得已而用之安在爲客且久哉孫子曰遠輸則百姓貧此爲客之弊也又曰役不再籍糧不三載此

不可久之驗也臣校量主客之勢則有變客爲主變主爲客之術太宗曰何謂也靖曰因糧於敵是變客爲主也飽能飢之佚能勞之是變主爲客也故兵不拘主客遲速唯發必中節所以爲宜太宗曰古人有諸靖曰昔越伐吳以左右二軍鳴鼓而進吳分兵禦之越以中軍潛涉不鼓襲敗吳師此變客爲主之驗也石勒與姬澹戰澹兵遠來勒遣孔萇爲前鋒逆擊澹軍孔萇退而澹來追勒以伏兵夾擊之澹軍大敗此變勞爲佚之驗也古人如此者多

太宗曰鐵蒺藜行馬太公所制是乎靖曰有之然拒

敵而已兵貴致人非欲拒之也太公六韜言守禦之具爾非攻戰所施也

唐太宗李衛公問對卷中

唐太宗李衛公問對卷下

太宗曰太公云以步兵與車騎戰者必依丘墓險阻又孫子云天隙之地丘墓故城兵不可處如何靖曰用衆在乎心一心一在乎禁祥去疑儻主將有所疑忌則羣情搖羣情搖則敵乘釁而至矣安營據地便乎人事而已若澗井陷隙之地及如牢如羅之處人事不便者也故兵家引而避之防敵乘我丘墓故城非絶險處我得之爲利豈宜反去之乎太公所說兵之至要也太宗曰朕思凶器無甚於兵者行兵苟便於人事豈以避忌爲疑今後諸將有以陰陽拘忌

失於事宜者卿當丁寧誡之靖再拜謝曰臣按尉繚子云黄帝以德守之以刑伐之是謂刑德非天官日時之謂也然詭道可使由之不可使知之後世庸將泥於術數是以多敗不可不誡也陛下聖訓臣即宣告諸將

太宗曰兵有分有聚各貴適宜前代事迹孰爲善此者靖曰苻堅總百萬之衆而敗於淝水此兵能合不能分之所致也吳漢討公孫述與副將劉尚分屯相去二十里述來攻漢尚出合擊大破之此兵分而能合之所致也太公云分不分爲縻軍聚不聚爲孤旅

太宗曰然符堅初得王猛實知兵遂取中原及猛卒堅果敗此縻軍之謂乎吳漢爲光武所任兵不遙制故漢果平蜀此不陷孤旅之謂乎得失事迹足爲萬代鑒

太宗曰朕觀千章萬句不出乎多方以誤之一句而已靖良久曰誠如聖語大凡用兵若敵人不誤則我師安能克哉譬如弈棊兩敵均焉一著或失竟莫能救是古今勝敗率由一誤而已況多失者乎

太宗曰攻守二事其實一法歟孫子言善攻者敵不知其所守善守者敵不知其所攻即不言敵來攻我

我亦攻之我若自守敵亦守之攻守兩齊其術柰何靖曰前代似此相攻相守者多矣皆曰守則不足攻則有餘便謂不足爲弱有餘爲強蓋不悟攻守之法也臣案孫子云不可勝者守也可勝者攻也謂敵未可勝則我且自守待敵可勝則攻之爾非以強弱爲辭也後人不曉其義則當攻而守當守而攻二役旣殊故不能一其法太宗曰信乎有餘不足使後人惑其強弱殊不知守之法要在示敵以不足攻之法要在示敵以有餘也示敵以不足則敵必來攻此是敵不知其所攻者也示敵以有餘則敵必自守此是敵

不知其所守者也攻守一決敵與我分爲二事若我事得則敵事敗敵事得則我事敗得失成敗彼我之事分焉攻守者一而已矣得一者百戰百勝故曰知彼知己百戰不殆其知一之謂乎靖再拜曰深乎聖人之法也攻是守之機守是攻之策同歸乎勝而已矣若攻不知守守不知攻不唯二其事抑又二其官雖口誦孫吳而心不思妙攻守兩齊之說其孰能知其然哉

太宗曰司馬法言國雖大好戰必亡天下雖平忘戰必危此亦攻守一道乎靖曰有國有家者曷嘗不講

平攻守也夫攻者不止攻其城擊其陳而已必有攻其心之術焉守者不止完其壁堅其陳而已必也守吾氣而有待焉大而言之爲君之道小而言之爲將之法夫攻其心者所謂知彼者也守吾氣者所謂知己者也太宗曰誠哉朕常臨陳先料敵之心與已之心孰審然後彼可得而知焉察敵之氣與已之氣孰治然後我可得而知焉是以知彼知已兵家大要今之將臣雖未知彼茍能知已則安有失利者哉靖曰孫武所謂先爲不可勝者知已者也以待敵之可勝者知彼者也又曰不可勝在已可勝在敵臣斯須不

敢失此誡
太宗曰孫子言三軍可奪氣之法朝氣銳晝氣惰暮氣歸善用兵者避其銳氣擊其惰歸如何靖曰夫含生稟血鼓作鬬爭雖死不省者氣使然也故用兵之法必先察吾士衆激吾勝氣乃可以擊敵焉吳起四機以氣機爲上無他道也能使人人自鬬則其銳莫當所謂朝氣銳者非限時刻而言也舉一日始末爲喻也凡三鼓而敵不衰不竭則安能必使之惰歸哉蓋學者徒誦空文而爲敵所誘苟悟奪之之理則兵可任矣

太宗曰卿嘗言李勣能兵法久可用否然非朕控御則不可用也他日太子治若何御之靖曰爲陛下計莫若黜勣令太子復用之則必感恩圖報於理何損乎太宗曰善朕無疑矣

太宗曰李勣若與長孫無忌共掌國政他日如何靖曰勣忠義臣可保任也無忌佐命大功陛下以肺腑之親委之輔相然外貌下士內實嫉賢故尉遲敬德面折其短遂引退焉侯君集恨其忘舊因以犯逆皆無忌致其然也陛下詢及臣臣不敢避其說太宗曰勿泄也朕徐思其處置

太宗曰漢高祖能將將其後韓彭見誅蕭何下獄何
故如此靖曰臣觀劉項皆非將將之君當秦之亡也
張良本為韓報仇陳平韓信皆怨楚不用故假漢之
勢自為奮爾至於蕭曹樊灌悉由亡命高祖因之以
得天下設使六國之後復立人人各懷其舊則雖有
能將將之才豈為漢用哉臣謂漢得天下由張良借
箸之謀蕭何漕輓之功也以此言之韓彭見誅范增
不用其事同也臣故謂劉項皆非將將之君太宗曰
光武中興能保全功臣不任以吏事此則善於將將
乎靖曰光武雖藉前構易於成功然莽勢不下於項

籍寇鄧未越於蕭張獨能推赤心用柔治保全功臣賢於高祖遠矣以此論將將之道臣謂光武得之

太宗曰古者出師命將齋三日授之以鉞曰從此至天將軍制之又授之以斧曰從此至地將軍制之又推其轂曰進退唯時既行軍中但聞將軍之令不聞君命朕謂此禮久廢今欲與卿參定遣將之儀如何

靖曰臣竊謂聖人制作致齋於廟者所以假威於神也授斧鉞又推其轂者所以委寄以權也今陛下每有出師必與公卿議論告廟而後遣此則邀以神至矣每有任將必使之便宜從事此則假以權重矣何

與於致齋推轂邪盡合古禮其義同焉不須參定靖曰善乃命近臣書此二事爲後世法

太宗曰陰陽術數廢之可乎靖曰不可兵者詭道也託之以陰陽術數則使貪使愚茲不可廢也太宗曰卿嘗言天官時日明將不法闇者拘之廢亦宜然靖曰昔紂以甲子日亡武王以甲子日興天官時日甲子一也殷亂周治興亡異焉又宋武帝以往亡日起兵軍吏以爲不可帝曰我往彼亡果克之由此言之可廢明矣然而田單爲燕所圍單命一人爲神拜而祠之神言燕可破單於是以火牛出擊燕大破之此

是兵家詭道天官時日亦猶此也太宗曰田單託神怪而破燕太公焚蓍龜而滅紂二事相反何也靖曰其機一也或逆而取之或順而行之是也昔太公佐武王至牧野遇雷雨旗鼓毀折散宜生欲卜吉而後行此則因軍中疑懼必假卜以問神焉太公以謂腐草枯骨無足問且以臣伐君豈可再乎然觀散宜生發機於前太公成機於後逆順雖異其理致則同臣前所謂術數不可廢者蓋存其機於未萌也及其功在人事而已矣

太宗曰當今將帥唯李勣道宗薛萬徹除道宗以親

屬外孰堪大用靖曰陛下嘗言勣道宗用兵不大勝亦不大敗萬徹若不大勝即須大敗臣愚思聖言不求大勝亦不大敗者節制之兵也或大勝或大敗者幸而成功者也故孫武云善戰者立於不敗之地而不失敵之敗也節制在我云爾

太宗曰兩陳相臨欲言不戰安可得乎靖曰昔晉師伐秦交綏而退司馬法曰逐奔不遠縱綏不及臣謂綏者御轡之索也我兵既有節制彼敵亦正行伍豈敢輕戰哉故有出而交綏退而不逐各防其失敗者也孫武云勿擊堂堂之陳無邀正正之旗若兩陳體

均勢等苟一輕肆爲其所乘則或大敗理使然也是故兵有不戰有必戰夫不戰者在我必戰者在敵太宗曰不戰在我何謂也靖曰孫武云我不欲戰者畫地而守之敵不得與我戰者乖其所之也敵有人焉則交綏之間未可圖也故曰不戰在我夫必戰在敵者孫武云善動敵者形之敵必從之予之敵必取之以利動之以本待之敵無人焉則必來戰吾得以乘而破之故曰必戰者在敵

太宗曰深乎節制之兵得其法則昌失其法則亡卿爲篡述歷代善於節制者具圖來上朕當擇其精微

兼於後世靖曰臣前所進黃帝太公三陳圖并司馬法諸葛亮奇正之法此已精悉歷代名將用其一二而成功者亦衆矣但史官鮮克知兵不能紀其實迹焉臣敢不奉詔當篹述以聞

太宗曰兵法孰爲最深者靖曰臣常分爲三等使學者當漸而至焉一曰道二曰天地三曰將法夫道之說至微至深易所謂聰明睿智神武而不殺者是也夫天之說陰陽地之說險易善用兵者能以陰奪陽以險攻易孟子所謂天時地利者是也夫將法之說在乎任人利器三略所謂得士者昌管仲所謂器必

堅利者是也太宗曰然吾謂不戰而屈人之兵者上也百戰百勝者中也深溝高壘以自守者下也以是校量孫武著書三等皆具焉靖曰觀其文迹其事亦可差別矣若張良范蠡孫武脫然高引不知所往此非知道安能爾乎若樂毅管仲諸葛亮戰必勝守必固此非察天時地利安能爾乎其次王猛之保秦謝安之守晉非任將擇材繕完自固安能爾乎故習兵之學必先繇下以及中繇中以及上則漸而深矣不然則垂空言徒記誦無足取也太宗曰道家忌三世為將者不可妄傳也不可不傳也卿其慎之靖再拜出

盡傳其書與李勣

李衛公問對卷下

尉繚子卷第一

天官第一

梁惠王問尉繚子曰黄帝刑德可以百勝有之乎尉繚子對曰刑以伐之德以守之非所謂天官時日陰陽向背也黄帝者人事而已矣何者今有城東西攻不能取南北攻不能取四方豈無順時乘之者邪然不能取者城高池深兵器備具財穀多積豪士一謀者也若城下池淺守弱則取之矣由是觀之天官時日不若人事也案天官曰背水陳為絶紀向阪陳為廢軍武王伐紂背濟水向山阪而陳以二萬二千五

百人擊紂之億萬而滅商豈紂不得天官之陳哉楚將公子心與齊人戰時有彗星出柄在齊柄所在勝不可擊公子心曰彗星何知以彗鬬者固倒而勝焉明日與齊戰大破之黃帝曰先神先鬼先稽我智謂之天時人事而巳

兵談第二

量土地肥墝而立邑建城稱地以城稱人以人稱粟三相稱則內可以固守外可以戰勝戰勝於外備主於內勝備相應猶合符節無異故也治兵者若祕於地若邃於天生於無故開之大不窕小不恢明乎禁

舍開塞民流者親之地不任者任之夫土廣而任則國富民衆而治則國治富治者民不發軔車不暴出而威制天下故曰兵勝於朝廷不暴甲而勝者主勝也陳而勝者將勝也兵起非可以忿也見勝則興不見勝則止患在百里之內不起一日之師患在千里之內不起一月之師患在四海之內不起一歲之師將者上不制於天下不制於地中不制於人寬不可激而怒清不可事以財夫心狂目盲耳聾以三悖率人者難矣兵之所及羊腸亦勝鋸齒亦勝緣山亦勝入谷亦勝方亦勝圓亦勝重者如山如林如江如河輕

者如炮如燔如垣壓之如雲覆之令之聚不得以散散不得以聚左不得以右右不得以左如總木弩如羊角人人無不騰陵張膽絶乎疑慮堂堂決而去

制談第三

凡兵制必先定制先定則士不亂士不亂則刑乃明金鼓所指則百人盡鬬陷行亂陳則千人盡鬬覆軍殺將則萬人齊刃天下莫能當其戰矣古者士有什伍車有偏列鼓鳴旗麾先登者未常非多力國士也先死者未嘗非多力國士損敵一人而損我百人此資敵而傷我甚焉世將不能禁征役分軍而逃

歸或臨戰自北則逃傷甚焉世將不能禁殺人於百步之外者弓矢也殺人於五十步之內者矛戟也將已鼓而士卒相囂拗矢折矛抱戟利後發戰有此數者內自敗也世將不能禁士失什伍車失偏列奇兵捐將而走大衆亦走世將不能禁夫將能禁此四者則高山陵之深水絕之堅陳犯之不能禁此四者猶亡舟楫絕江河不可得也民非樂死而惡生也號令明法制審故能使之前明賞於前決罰於後是以發能中利動則有功令百人一卒千人一司馬萬人一將以少誅衆以弱誅彊試聽臣言其術足使三軍之

衆誅一人無失刑父不敢舍子子不敢舍父况國人乎一賊仗劒擊於市萬人無不避之者臣謂非一人之獨勇萬人皆不肖也何則必死與必生固不侔也聽臣之術足使三軍之衆爲一死賊莫當其前莫隨其後而能獨出獨入焉獨出獨入者王霸之兵也有提十萬之衆而天下莫當者誰曰桓公也有提七萬之衆而天下莫當者誰曰吳起也有提三萬之衆而天下莫當者誰曰武子也今天下諸國士所率無不及二十萬之衆者然不能濟功名者不明乎禁舍開塞也明其制一人勝之則十人亦以勝之也十人勝

之則百千萬人亦以勝之也故曰便吾器用養吾武勇發之如鳥擊如赴千仞之谿今國被患者以重寶出聘以愛子出質以地界出割得天下助卒名爲十萬其實不過數萬爾其兵來者無不謂其將曰無爲天下先戰其實不可得而戰也量吾境内之民無伍莫能正矣經制十萬之衆而王必能使之衣吾衣食吾食戰不勝守不固者非吾民之罪内自致也天下諸國助我戰猶良驥騄耳之駛彼駑馬鬐興角逐何能紹吾氣哉吾用天下之用爲用吾制天下之制爲制修吾號令明吾刑賞使天下非農無所得食非戰

無所得爵使民揚臂爭出農戰而天下無敵矣故曰
發號出令信行國內民言有可以勝敵者毋許其空
言必試其能戰也視人之地而有之分人之民而畜
之必能內有其賢者也不能內有其賢而欲有天下
必覆軍殺將如此雖戰勝而國益弱得地而國益貧
由國中之制弊矣

戰威第四

凡兵有以道勝有以威勝有以力勝講武料敵使敵
之氣失而師散雖形全而不爲之用此道勝也審法
制明賞罰便器用使民有必戰之心此威勝也破軍

殺將乘闉發機潰衆奪地成功乃返此力勝也王侯知此以三勝者畢矣夫將卒所以戰者民也民之所以戰者氣也氣實則鬬氣奪則走刑如未加兵未接而所以奪敵者五一曰廟勝之論二曰受命之論三曰踰垠之論四曰深溝高壘之論五曰舉陳加刑之論此五者先料敵而後動是以擊虛奪之也善用兵者能奪人而不奪於人奪者心之機也令者一衆心也衆不審則數變數變則令雖出衆不信矣故令之法小過無更小疑無申故上無疑令則衆不二聽動無疑事則衆不二志未有不信其心而能得其力者

未有不得其力而能致其死戰者也故國必有禮親
愛之義則可以飢易飽國必有孝慈廉恥之俗則可
以死易生古者率民必先禮信而後爵祿先廉恥而
後刑罰先親愛而後律其身故戰者必本乎率身以
勵衆士如心之使四支也志不勵則士不死節士不
死節則衆不戰勵士之道民之生不可不厚也爵列
之等死喪之親民之所營不可不顯也必也因民
所生而制之因民所榮而顯之田祿之實飲食之
親鄉里相勸死生相救兵役相從此民之所勵也
使什伍如親戚卒伯如朋友止如堵墻動如風雨

車不結轍士不旋踵此本戰之道也地所以養民也城所以守地也戰所以守城也故務耕者民不飢務守者地不危務戰者城不圍三者先王之本務本務兵最急本者故先王專於兵有五焉委積不多則士不行賞祿不厚則民不勸武士不選則衆不強備用不便則力不壯刑賞不中則衆不畏務此五者靜能守其所固動能成其所欲夫以居攻出則居欲重陣欲堅發欲畢鬬欲齊王國富民霸國富士僅存之國富大夫亡國富倉府所謂上滿下漏患無所救故曰舉賢任能不時日而事利明法審令不卜筮而事吉

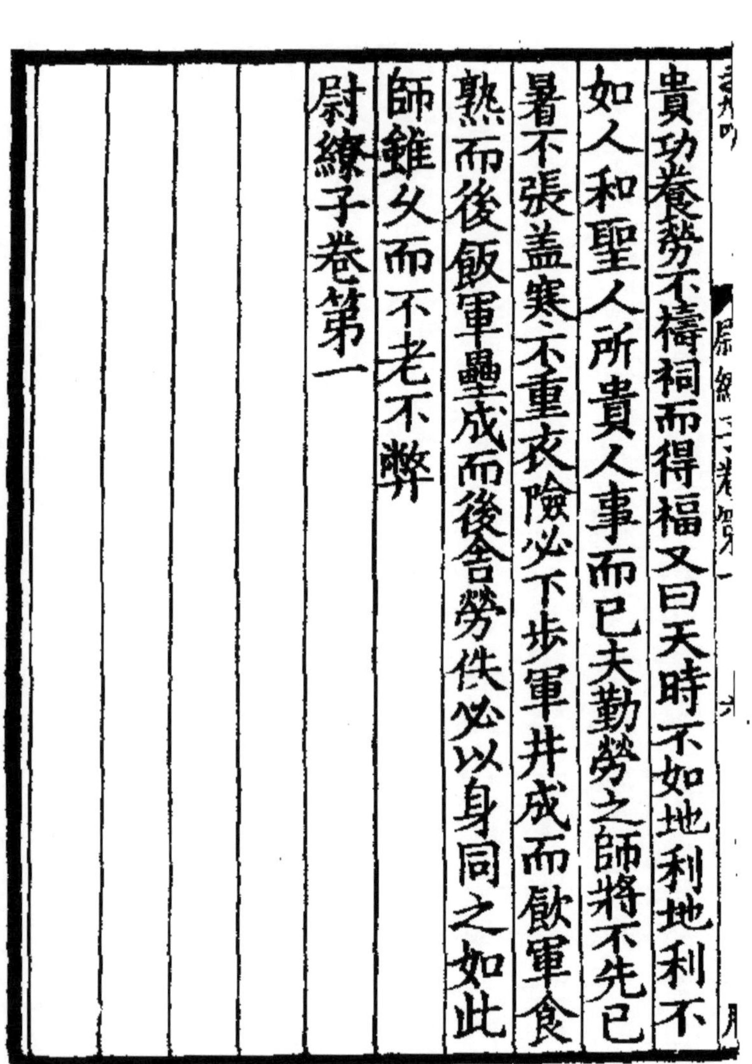

貴功養勞不禱祠而得福又曰天時不如地利地利不如人和聖人所貴人事而已夫勤勞之師將不先已暑不張蓋寒不重衣險必下步軍井成而飲軍食熟而後飯軍壘成而後舍勞佚必以身同之如此師雖久而不老不弊

尉繚子卷第一

尉繚子卷第二

攻權第五

兵以靜勝國以專勝力分者弱心疑者背夫力弱故進退不豪縱敵不禽將吏士卒動靜一身心既疑背則計決而不動動決而不禁異口虛言將無修容卒無常試發攻必衄是謂疾陵之兵無足與鬬將帥者心也羣下者支節也其心動以誠則支節必力其心動以疑則支節必背夫將不心制卒不節動雖勝幸勝也非攻權也夫民無兩畏也畏我侮敵畏敵侮我見侮者敗立威者勝凡將能其道者吏畏其將也吏

畏其將者民畏其吏也民畏其吏者敵畏其民也是故知勝敗之道者必先知畏侮之權夫不愛說其心者不我用也不嚴畏其心者不我舉也愛在下順威在上立愛故不二威故不犯故善將者愛與威而已戰不必勝不可以言戰攻不必拔不可以言攻不然雖刑賞不足信也信在期前事在未兆故衆已聚不虛散兵已出不徒歸求敵若求亡子擊敵若救溺人分險者無戰心挑戰者無全氣鬬戰者無勝兵凡挾義而戰者貴從我起爭私結怨應不得已怨結雖起待之貴後故爭必當待之息必當備之兵有勝於朝

廷有勝於原野有勝於市井鬬則失幸以不敗此不意彼驚懼而曲勝之也曲勝言非全也非全勝者無權名故明主戰攻日合鼓合節以兵刃不求勝而勝也兵有去備徹威而勝者以其有法故也有器用之早定也其應敵也周其總率也極故五人而伍十人而什百人而卒千人而率萬人而將已用已極其朝死則朝代暮死則暮代權敵審將而後舉兵故凡集兵千里者旬日百里者一日必集敵境卒聚將至深入其地錯絕其道栖其大城大邑使之登城逼危男女數重各逼地形而攻要塞據一城邑而數道絕從而攻

之敵將帥不能信吏卒不能和刑有所不從者則我敗之矣敵救未至而一城已降津梁未發要塞未脩城險未設渠荅未張則雖有城無守矣遠堡未入戍客未歸則雖有人無人矣六畜未聚五穀未收財用未斂則雖有資無資矣夫城邑空虛而資盡者我因其虛而攻之法曰獨出獨入敵不接刃而致之此之謂也

守權第六

凡守者進不郭圉退不亭障以禦戰非善者也豪傑雄俊堅甲利兵勁弩彊矢盡在郭中乃收窖廪

毀折而入保令客氣十百倍而主之氣不半焉敵攻者傷之甚也然而世將弗能知夫守者不失險者也守法城一丈十人守之二食不與焉出者不守守者不出一而當十十而當百百而當千千而當萬故為城郭者非妄費於民聚土壤也誠為守也千丈之城則萬人之守池深而廣城堅而厚士民備薪食給弩堅矢彊矛戟稱之此守法也攻者不下十餘萬之衆其有必救之軍者則有必守之城無必救之軍者則無必守之城若彼堅而救誠則愚夫惷婦無不蔽城盡資血城者朞年之城守餘於攻者救餘於守者若彼

城堅而救不誠則愚夫惷婦無不守陴而泣下此人之常情也遂發其窖廩救撫則亦不能止矣必鼓其豪傑雄俊堅甲利兵勁弩彊矢并於前分歷毀瘠者并於後十萬之軍頓於城下救必開之守必出之據出要塞但救其後無絶其糧道中外相應此救而示之不誠則倒敵而待之者也後其壯前其老彼敵無前守不得而止矣此守權之謂也

十二陵第七

威在於不變惠在於因時機在於應事戰在於治氣攻在於意表守在於外飾無過在於度數無因在於

豫備慎在於畏小智在於治大除害在於敢斷得衆在於下人悔在於任疑孽在於屠戮偏在於多私不祥在於惡聞己過不度在於竭民財不明在於受間不實在於輕發固陋在於離賢禍在於好利害在於親小人亡在於無所守危在於無號令

武議第八

凡兵不攻無過之城不殺無罪之人夫殺人之父兄利人之貨財臣妾人之子女此皆盜也故兵者所以誅暴亂禁不義也兵之所加者農不離其田業賈不離其肆宅士大夫不離其官府由其武議在於一人

故兵不血刃而天下親焉萬乘農戰千乘救守百乘事養農戰不外索權救守不外索助事養不外索資夫出不足戰入不足守者治之以市市者所以外戰守也萬乘無千乘之助必有百乘之市凡誅者所以明武也殺一人而三軍震者殺之殺一人而萬人喜者殺之殺之貴大賞之貴小當殺而雖貴重必殺之是刑上究也賞及牛童馬圉者是賞下流也夫能刑上究賞下流此將之武也故人主重將夫將提鼓揮枹臨難決戰接兵角刃鼓之而當則賞功立名鼓之而不當則身死國亡是存亡安危在於枹端奈

何無重將也夫提皷揮枹接兵角刃君以武事成功者臣以為非難也古人曰無蒙衝而攻無渠荅而守是為無善之軍視無見聽無聞由國無市也夫市也者百貨之官也市賤賣貴以限士人人食粟一㪷馬食粟三㪷人有飢色馬有瘠形何也市所出而官無主也夫提天下之節制而無百貨之官無謂其能戰也起兵直使甲冑生蟣者必為吾所效用也鷙鳥逐雀有襲人之懷入人之室者非出生後有憚也太公望年七十屠牛朝歌賣食盟津過七年餘而主不聽人人之謂狂夫也及遇文王則提三萬之衆

一戰而天下定非武議安得此合也故曰良馬有策遠道可致賢士有合大道可明武王伐紂師渡盟津右旄左鉞死士三百戰士三萬紂之陳億萬飛廉惡來身先戟斧陳開百里武王不罷士民兵不血刃而商誅紂無祥異也人事脩不脩而然也今世將考孤虛占城池合龜兆視吉凶觀星辰風雲之變欲以成勝立功臣以爲難夫將者上不制於天下不制於地中不制於人故兵者凶器也爭者逆德也將者死官也故不得已而用之無天於上無地於下無主於後無敵於前一人之兵如狼如虎如風如雨如雷如霆

震震冥冥天下皆驚勝兵似水夫水至柔弱者也然所觸丘陵必為之崩無異也性專而觸誠也今以莫邪之利犀兕之堅三軍之衆有所奇正則天下莫當其戰矣故曰擧賢用能不時日而事利明法審令不卜筮而獲吉貴功養勞不禱祠而得福又曰天時不如地利地利不如人和古之聖人謹人事而已吳起與秦戰舍不平隴畝樸樕蓋之以蔽霜露如此何也不自高人故也乞人之死不索尊竭人之力不責禮故古者甲冑之士不拜示人無已煩也夫煩人而欲乞其死竭其力自古至今未嘗聞矣將受命

之日忘其家張軍宿野忘其親援枹而鼓忘其身
吳起臨戰左右進劒起曰將專主旗鼓爾臨難決疑
揮兵指刃此將事也一劒之任非將事也三軍成行
一舍而後成三舍三舍之餘如決川源望敵在前因
其所長而用之敵白者堊之赤者赭之吳起與秦戰
未合一夫不勝其勇前獲雙首而還吳起立斬之軍
吏諫曰此材士也不可斬起曰材士則是矣非吾令
也斬之

將理第九

凡將理官也萬物之主也不私於一人夫能無移於

一人故萬物至而制之萬物至而命之君子不救囚
於五步之外雖鈞矢射之弗追也故善審囚之情不
待箠楚而囚之情可畢矣笞人之背灼人之脅束人
之指而訊囚之情雖國士有不勝其酷而自誣矣今
世諺云千金不死百金不刑試聽臣之言行臣之術
雖有堯舜之智不能關一言雖有萬金不能用一銖
今夫決獄小圄不下十數中圄不下百數大圄不下千
數十人聯百人之事百人聯千人之事千人聯萬人之
事所聯之者親戚兄弟也其次婚姻也其次知識故
人也是農無不離田業賈無不離肆宅士大夫無不

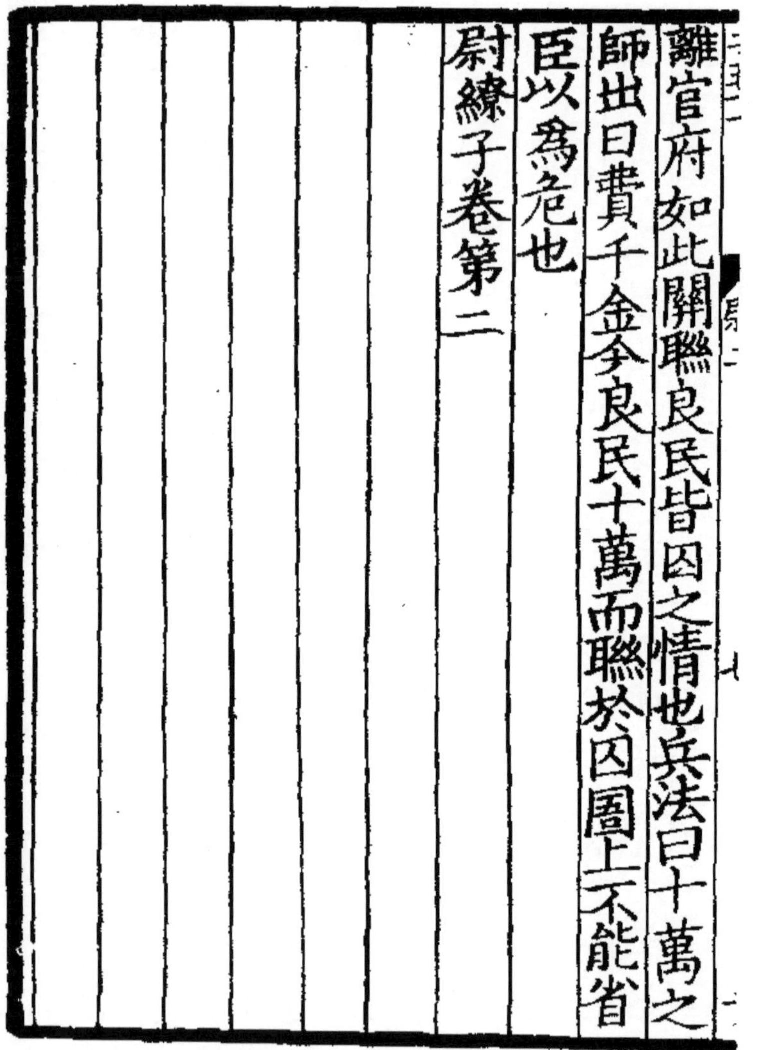

離官府如此關聯良民皆囚之情也兵法曰十萬之師出日費千金今良民十萬而聯於囹圄上不能省臣以為危也

尉繚子卷第二

尉繚子卷第三

原官第十

官者事之所主爲治之本也制者職分四民治之分也貴爵富祿必稱尊卑之體也好善罰惡正比法會計民之具也均井地節賦斂取與之度也程工人備器用匠工之功也分地塞要殄怪禁淫之事也守法稽斷臣下之節也明法稽驗主上之操也明主守等輕重臣主之權也明賞賚嚴誅責止姦之術也審開塞守一道爲政之要也下達上通至聦之聽也知國有無之數用其仂也知彼弱者強之體也知彼動者

靜之決也官分文武惟王之二術也俎豆同制天子之會也遊說開諜無自入正議之術也諸侯有謹天子之禮君民繼世承王之命也更造易常違王明德故禮得以伐也官無事治上無慶賞民無獄訟國無商賈何王之至明舉上達在王垂聽也

治本第十一

凡治人者何曰非五穀無以充腹非絲麻無以蓋形故充腹有粒蓋形有縷夫在芸耨妻在機杼民無二事則有儲蓄夫無彫文刻鏤之事女無繡飾纂組之作木器液金器腥聖人飲於土食於土故埏埴以為

器天下無費今也金木之性不寒而衣繡飾馬牛之性食草飲水而給菽粟是治失其本而宜設之制也春夏夫出於南畝秋冬女練布帛則民不困今短褐不蔽形糟糠不充腹失其治也古者土無肥磽人無勤惰古人何得而今人何失邪耕有不終畝織有日斷機而奈何寒飢蓋古治之行今治之止也夫謂治者使民無私也民無私則天下爲一家而無私耕私織共寒其寒共飢其飢故如有子十人不加一飯有子一人不損一飯焉有喧呼酖酒以敗善類乎民相輕佻則欲心與爭奪之患起矣橫生於一夫則民私

飯有儲食私用有儲財民一犯禁而拘以刑治爲有以爲人上也善政執其制使民無私爲下不敢私則無爲非者矣反本緣理出乎一道則欲心去爭奪止囹圄空野充粟多安民懷遠外無天下之難內無暴亂之事治之至也蒼蒼之天莫知其極帝王之君誰爲法則往世不可及來世不可待求己者也所謂天子者四焉一曰神明二曰垂光三曰洪敘四曰無敵此天子之事也野物不爲犧牲雜學不爲通儒今說者曰百里之海不能飲一夫三尺之泉足以止三軍渴臣謂欲生於無度邪生於無禁太上神化其次因物

其下在於無奪民時無損民財夫禁必以武而成賞必以文而成

戰權第十二

兵法曰千人而成權萬人而成武權先加人者敵不力交武先加人者敵無威接故兵貴先勝於此則勝彼矣弗勝於此則弗勝彼矣凡我往則彼來彼來則我往相為勝敗此戰之理然也夫精誠在乎神明戰權在乎道之所極有者無之無者有之安所信之先王之所傳聞者任正去詐存其慈順決無留刑故知道者必先圖不知止之敗惡在乎必往有功輕進而

求戰敵復奮止我往而敵制勝矣故兵法曰求而從之見而加之主人不敢當而陵之必喪其權凡奪者無氣恐者不守可敗者無人兵無道也意往而不疑則從之奪敵而無敗則加之明視而高居則威之兵道極矣其言無謹偷矣其陵犯無節被矣水潰雷擊三軍亂矣必安其危去其患以智決之高之以廊廟之論重之以受命之論銳之以踰垠之論則敵國可不戰而服

重刑令第十三

將自千人以上有戰而北守而降離地逃衆命曰

國賊身戮家殘去其籍發其墳墓暴其骨於市男女公於官自百人已上有戰而北守而降離地逃衆命曰軍賊身死家殘男女公於官使民內畏重刑則外輕敵故先王明制度於前重威刑於後刑重則內畏內畏則外堅矣

伍制令第十四

軍中之制五人爲伍伍相保也十人爲什什相保也五十人爲屬屬相保也百人爲閭閭相保也伍有干令犯禁者揭之免於罪知而弗揭全伍有誅什有干令犯禁者揭之免於罪知而弗揭全什有誅屬有干

令犯禁者揭之免於罪知而弗揭全屬有誅閭有干
令犯禁者揭之免於罪知而弗揭全閭有誅吏自什
長以上至左右將上下皆相保也有干令犯禁者揭
之免於罪知而弗揭者皆與同罪夫什伍相結上下
相聯無有不得之姦無有不揭之罪父不得以私其
子兄不得以私其弟而況國人聚舍同食烏能以干
令相私者哉

分塞令第十五

中軍左右前後軍皆有地分方之以行垣而無通其
交往將有分地帥有分地伯有分地皆營其溝域而

明其塞令使非百人無得通非其百人而入者伯誅

之伯不誅與之同罪軍中縱橫之道百有二十步而

立一府柱量人與地柱道相望禁行清道非將吏之

符節不得通行采薪之牧者皆成行伍不成行伍者

不得通行吏屬無節士無伍者橫門誅之踰分干地

者誅之故內無干令犯禁則外無不獲之姦

尉繚子卷第三

尉繚子卷第四

束伍令第十六

束伍之令曰五人為伍共一符收於將吏之所亡伍而得伍當之得伍而不亡有賞亡伍不得伍身死家殘亡長得長當之得長不亡有賞亡長不得長身死家殘復戰得首長除之亡將得將當之得將不亡有賞亡將不得將坐離地遁逃之法戰誅之法曰什長得誅十人伯長得誅什長千人之將得誅百人之長萬人之將得誅千人之將左右將軍得誅萬人之將大將軍無不得誅

經卒令第十七

經卒者以經令分之爲三分焉左軍蒼旗卒戴蒼羽右軍白旗卒戴白羽中軍黃旗卒戴黃羽卒有五章前一行蒼章次二行赤章次三行黃章次四行白章次五行黑章次以經卒亡章者有誅前一五行置章於首次二五行置章於項次三五行置章於胷次四五行置章於腹次五五行置章於腰如此卒無非其吏吏無非其卒見非而不詰見亂而不禁其罪如之鼓行交鬬則前行進爲犯難後行進爲辱衆踰五行而前者有賞踰五行而後者有誅所以知進退先後

吏卒之功也故曰鼓之前如雷霆動如風雨莫敢當其前莫敢躡其後言有經也

勒卒令第十八

金鼓鈴旗四者各有法鼓之則進重鼓則擊金之則止重金則退鈴傳令也旗麾之左則左麾之右則右奇兵則反是一鼓一擊而左一鼓一擊而右一步一鼓步鼓也十步一鼓趨鼓也音不絕騖鼓也商將鼓也角帥鼓也小鼓伯鼓也三鼓同則將帥伯其心一也奇兵則反是鼓失次者有誅讙譁者有誅不聽金鼓鈴旗而動者有誅百人而教戰教成合之千人千

人教成合之萬人萬人教成會之於三軍三軍之衆有分有合爲大戰之法教成試之以閱方亦勝圓亦勝錯邪亦勝臨險亦勝敵在山緣而從之敵在淵沒而從之求敵若求亡子從之無疑故能敗敵而制其命夫蚤決先敵若計不先定慮不蚤決則進退不定疑生必敗故正兵貴先奇兵貴後或先或後制敵者也世將不知法者專命而行先擊而勇無不敗者也其舉有疑而不疑其往有信而不信其致有遲疾而不遲疾是三者戰之累也

將令第十九

將軍受命君必先謀於廟行令於廷君身以斧鉞授
將曰左右中軍皆有分職若踰分而上請者死軍無
二令二令者誅留令者誅失令者誅將軍告曰出國
門之外期日中設營表置轅門期之如過時則坐法
將軍入營即閉門清道有敢行者誅有敢高言者誅
有敢不從令者誅

踵軍令第二十

所謂踵軍者去大軍百里期於會地為三日熟食前
軍而行為戰合之表合表乃起踵軍饗士使為之戰
勢是謂趨戰者也興軍者前踵軍而行合表乃起去

大軍一倍其道去踵軍百里期於會地爲六日熟食使爲戰備分卒據要害戰利則追北按兵而趨之踵軍遇有還者誅之所謂諸將之兵在四奇之內者勝也兵有什伍有分有合豫爲之職守要塞關梁而分居之戰合表起即皆會也大軍爲計日之食起戰具無不及也令行而起不如令者有誅凡稱分塞者四境之內當興軍踵軍既行則四境之民無得行者奉王之命授持符節名爲順職之吏非順職之吏而行者誅之戰合表起順職之吏乃行用以相參故欲戰先安內也

尉繚子卷第五

兵教上第二十一

兵之教令分營居陳有非令而進退者加犯教之罪前行者前行教之後行者後行教之左行者左行教之右行者右行教之教舉五人其甲首有賞弗教如犯教之罪羅地者自揭其伍伍內互揭之免其罪凡伍臨陳若一人有不進死於敵則教者如犯法者之罪凡什保什若亡一人而九人不盡死於敵則教者如犯法者之罪自什巳上至於裨將有不若法者則教者如犯法者之罪凡明刑罰正勸賞必在乎兵

教之法將異其旗卒異其章左軍章左肩右軍章右肩中軍章胷前書其章曰某甲某士前後章各五行尊章置首上其次差降之伍長教其四人以板爲鼓以瓦爲金以竿爲旗擊鼓而進低旗則趨擊金而退麾而左之麾而右之金鼓俱擊而坐伍長教成合之什長什長教成合之卒長卒長教成合之伯長伯長教成合之兵尉兵尉教成合之裨將裨將教成合之大將大將教之陳於中野置大表三百步而一既陳去表百步而決百步而趨百步而騖習戰以成其節乃爲之賞法自尉吏而下盡有旗戰勝得旗者

各視其所得之爵以明賞勸之心戰勝在乎立威立威在乎戮力戮力在乎正罰正罰者所以明賞也令民背國門之限決死生之分教之死而不疑者有以也令守者必固戰者必鬬姦謀不作姦民不語令行無變兵行無猜輕者若霆奮敵若驚舉功別德明如白黑令民從上令如四支應心也前軍絕行亂陳破堅如潰者有以也此之謂兵教所以開封疆守社稷除患害成武德也

兵教下第二十二

臣聞人君有必勝之道故能并兼廣大以一其制度

則威加天下有十二焉一曰連刑謂同罪保伍也二曰地禁謂禁止行道以網外姦也三曰全車謂甲首相附三五相同以結其聯也四曰開塞謂分地以限各死其職而堅守也五曰分限謂左右相禁前後相待垣車為固以逆以止也六曰號別謂前列務進以別其後者不得爭先登不次也七曰五章謂彰明行列始卒不亂也八曰全曲謂曲折相從皆有分部也九曰金鼓謂興有功致有德也十曰陳車謂接連前矛馬冒其目也十一曰死士謂衆軍之中有材力者乘於戰車前後縱橫出奇制敵也十二曰力卒謂經

旗全曲不麾不動也此十二者教成犯令不舍兵弱能強之主卑能尊之令弊能起之民流能親之人衆能治之地大能守之國車不出於閫組甲不出於櫜而威服天下矣兵有五致爲將忘家踰垠忘親指敵忘身必死則生急勝爲下百人被刃陷行亂陳千人被刃擒敵殺將萬人被刃橫行天下武王問太公望曰吾欲少間而極用人之要望對曰賞如山罰如谿太上無過其次補過使人無得私語諸罰而請不罰者死諸賞而請不賞者死伐國必因其變示之財以觀其窮示之弊以觀其病上乖者下離若此之類是

伐之因也凡興師必審內外之權以計其去兵有備闕糧食有餘不足校所出入之路然後興師伐亂必能入之地大而城小者必先收其地城大而地窄者必先攻其城地廣而人寡者則絶其阨地狹而人衆者則築大堙以臨之無喪其利無奪其時寬其政夷其業救其弊則足以施天下今戰國相攻大伐有德自伍而兩自兩而師不一其令率俾民心不定徒尚驕侈謀患辯訟吏究其事累且敗也日暮路遠還有挫氣師老將貪爭掠易敗凡將輕壘卑衆動可攻也將重壘高衆懼可圍也凡圍必開其小利使漸夷弱則節

吝有不食者矣衆夜擊者驚也衆避事者離也待人之救期戰而蹙皆心失而傷氣也傷氣敗軍曲謀敗國

兵令上第二十三

兵者凶器也爭者逆德也事必有本故王者伐暴亂本仁義焉戰國則以立威抗敵相圖而不能廢兵也兵者以武爲植以文爲種武爲表文爲裏能審此二者知勝敗矣文所以視利害辨安危武所以犯強敵力攻守也專一則勝離散則敗陳以密則固鋒以疏則達卒畏將甚於敵者勝卒畏敵甚於將者敗所以知勝敗者稱將於敵也敵與將猶權衡焉安靜則治

暴疾則亂出卒陳兵有常令行伍疏數有常法先後之次有適宜常令者非追北襲邑攸用也前後不次則失也亂先後斬之常陳皆向敵有內向有外向有立陳有坐陳夫內向所以顧中也外向所以備外也立陳所以行也坐陳所以止也立坐之陳相參進止將在其中坐之兵劒斧立之兵戟弩將亦居中善御敵者正兵先合而後扼之此必勝之術也陳之斧鉞飾之旗章有功必賞犯令必死存亡死生在枹之端雖天下有善兵者莫能禦此矣矢射未交長刃未接前譟者謂之虛後譟者謂之實不譟者謂之祕虛實

者兵之體也

兵令下第二十四

諸去大軍爲前禦之備者邊縣列候各相去三五里聞大軍爲前禦之備戰則皆禁行所以安內也內卒出戍令將吏授旗鼓戈甲發日後將吏及出縣封界者以坐後戍法兵戍邊一歲遂亡不候代者法比亡軍父母妻子知之與同罪弗知赦之卒後將吏而至大將所一日父母妻子盡同罪卒逃歸至家一日父母妻子弗捕執及不言亦同罪諸戰而亡其將吏者及將吏棄卒獨北者盡斬之前吏棄其卒而北後吏

能斬之而奪其卒者賞軍無功者戍三歲三軍大戰
若大將死而從吏五百人已上不能死敵者斬大將
左右近卒在陳中者皆斬餘士卒有軍功者奪一級
無軍功者戍三歲戰亡伍人及伍人戰死不得其屍
同伍盡奪其功得其屍罪皆赦軍之利害在國之名
實今名在官而實在家官不得其實家不得其名聚
卒爲軍有空名而無實外不足以禦敵內不足以守國
此軍之所以不給將之所以奪威也臣以謂卒逃歸
者同舍伍人及吏罰入糧爲饒名爲軍實是有一軍
之名而有二實之出國內空虛自竭民歲曷以免奔

北之禍乎今以法止逃歸禁亡軍是兵之一勝也什伍相聯及戰鬬則卒吏相救是兵之二勝也將能立威卒能節制號令明信攻守皆得是兵之三勝也臣聞古之善用兵者能殺卒之半其次殺其十三其下殺其十一能殺其半者威加海內殺十三者力加諸侯殺十一者令行士卒故曰百萬之衆不用命不如萬人之鬬也萬人之鬬不如百人之奮也賞如日月信如四時令如斧鉞制如干將士卒不用命者未之有也

尉繚子卷之第五

黃石公三略卷上

上略

夫主將之灋務擥英雄之心賞祿有功通志於衆故與衆同好靡不成與衆同惡靡不傾治國安家得人也亡國破家失人也含氣之類咸願得其志軍讖曰柔能制剛弱能制強柔者德也剛者賊也弱者人之所助強者怨之所攻柔有所設剛有所施弱有所用強有所加兼此四者而制其宜端末未見人莫能知天地神明與物推移變動無常因敵轉化不爲事先動而輒隨故能圖制無疆扶成天威匡正八極密定

九夷如此謀者爲帝王師故曰莫不貪強鮮能守微若能守微乃保其生聖人存之動應事機舒之彌四海卷之不盈懷居之不以室宅守之不以城郭藏之胷臆而敵國服軍讖曰能柔能剛其國彌光能弱能強其國彌彰純柔純弱其國必削純剛純強其國必亡夫爲國之道恃賢與民信賢如腹心使民如四肢則策無遺所適如支體相隨骨節相救天道自然其巧無閒軍國之要察衆心施百務危者安之懼者歡之叛者還之寃者原之訴者察之卑者貴之強者抑之敵者殘之貪者豐之欲者使之畏者隱之謀者近

之讒者覆之毀者復之反者廢之横者挫之滿者損
之歸者招之服者居之降者脫之獲固守之獲阨塞
之獲難屯之獲城割之獲地裂之獲財散之敵動伺
之敵近備之敵強下之敵佚去之敵陵待之敵暴綏
之敵悖義之敵睦攜之順舉挫之因勢破之放言過
之四綱羅之得而勿有居而勿守拔而勿久立而勿
取爲者則已有者則士焉知利之所在彼爲諸侯已
爲天子使城自保令士自取世能祖祖鮮能下下祖
祖爲親下下爲君下下者務耕桑不奪其時薄賦
斂不匱其財罕徭役不使其勞則國富而家娛然後

選士以司牧之夫所謂士者英雄也故曰羅其英雄則敵國窮英雄者國之幹庶民者國之本得其幹收其本則政行而無怨夫用兵之要在崇禮而重祿禮崇則智士至祿重則義士輕死故祿賢不愛財賞功不踰時則下力并而敵國削夫用人之道尊以爵贍以財則士自來接以禮勵以義則士死之夫將帥者必與士卒同滋味而共安危敵乃可加故兵有全勝敵有全因昔者良將之用兵有饋簞醪者使投諸河與士卒同流而飲夫一簞之醪不能味一河之水而三軍之士思為致死者以滋味之及己也軍讖曰軍井

未達將不言渴軍幕未辦將不言倦軍竈未炊將不
言飢冬不服裘夏不操扇雨不張蓋是謂將禮與之
安與之危故其衆可合而不可離可用而不可疲以其
恩素蓄謀素和也故曰蓄恩不倦以一取萬軍讖曰將
之所以為威者號令也戰之所以全勝者軍政也士之
所以輕戰者用命也故將無還令賞罰必信如天如
地乃可御人士卒用命乃可越境夫統軍持勢者將
也制勝破敵者衆也故亂將不可使保軍乖衆不可
使伐人攻城則不拔圖邑則不廢二者無功則士力
疲獘士力疲獘則將孤衆悖以守則不固以戰則奔

北是謂老兵兵老則將威不行將無威則士卒輕刑士卒輕刑則軍失伍軍失伍則士卒逃亡士卒逃亡則敵乘利敵乘利則軍必喪軍讖曰良將之統軍也恕己而治人推惠施恩士力日新戰如風發攻如河決故其衆可望而不可當可下而不可勝以身先人故其兵爲天下雄軍讖曰軍以賞爲表以罰爲裏賞罰明則將威行官人得則士卒服所任賢則敵國震軍讖曰賢者所適其前無敵故士可下而不可驕將可樂而不可憂謀可深而不可疑士驕則下不順將憂則內外不相信謀疑則敵國奮以此攻伐則致亂夫將者

國之命也將能制勝則國家安定軍讖曰將能清能静能平能整能受諫能聽訟能納人能採言能知國俗能圖山川能表險難能制軍權故曰仁賢之智聖明之慮負薪之言廊廟之語興衰之事將所宜聞將者能思士如渴則策從焉夫將拒諫則英雄散策不從則謀士叛善惡同則功臣倦專己則下歸咎自伐則下少功信讒則衆離心貪財則姦不禁內顧則士卒淫將有一則衆不服有二則軍無式有三則下奔北有四則禍及國軍讖曰將謀欲密士衆欲一攻敵欲疾將謀密則姦心閉士衆一則軍心結攻敵疾則備不

及設軍有此三者則計不奪將謀泄則軍無勢外闚
內則禍不制財入營則衆姦會將有此三者軍必敗
將無慮則謀士去將無勇則吏士恐將妄動則軍不
重將遷怒則一軍懼軍讖曰慮也勇也將之所重動
也怒也將之所用此四者將之明誡也軍讖曰軍無
財士不來軍無賞士不往軍讖曰香餌之下必有懸
魚重賞之下必有死夫故禮者士之所歸賞者士之
所死招其所歸示其所死則所求者至故禮而後悔
者士不止賞而後悔者士不使禮賞不倦則士爭死
軍讖曰興師之國務先隆恩攻取之國務先養民以

寡勝衆者恩也以弱勝強者民也故良將之養士不易於身故能使三軍如一心則其勝可全軍讖曰用兵之要必先察敵情視其倉庫度其糧食卜其強弱察其天地伺其空隙故國無軍旅之難而運糧者虛也民菜色者窮也千里饋糧民有飢色樵蘇後爨師不宿飽夫運糧百里無一年之食二百里無二年之食三百里無三年之食是國虛國虛則民貧民貧則上下不親敵攻其外民盜其內是謂必潰軍讖曰上行虐則下急刻賦斂重數刑罰無極民相殘賊是謂亡國軍讖曰內貪外廉詐譽取名竊公爲恩令上

下昏飾躬正顏以獲高官是謂盜端軍讖曰群吏朋黨各進所親招舉姦枉抑挫仁賢背公立私同位相訕是謂亂源軍讖曰強宗聚姦無位而尊威無不震葛藟相連種德立恩奪在位權侵侮下民國內譁諠臣蔽不言是謂亂根軍讖曰世世作姦侵盜縣官進退求便委曲弄文以危其君是謂國姦軍讖曰吏多民寡尊卑相若強弱相虜莫適禁禦延及君子國受其咎軍讖曰善善不進惡惡不退賢者隱蔽不肖在位國受其害軍讖曰枝葉強大比周居勢卑賤陵貴久而益大上不忍廢國受其敗軍讖曰佞臣在上一

軍皆訟引威自與動違於衆無進無退苟然取容專任自己舉措伐功誹謗盛德誣述庸庸無善無惡皆與己同稽留行事命令不通造作奇政變古易常君用佞人必受禍殃軍讖曰姦雄相稱障蔽主明毀譽並興壅塞主聰各阿所以令主失忠故主察異言乃覩其萌主聘儒賢姦雄乃遯主任舊齒萬事乃理主聘巖穴士乃得實謀及負薪功乃可述不失人心德乃洋溢

黃石公三略卷上

黃石公三略卷中

中略

夫三皇無言而化流四海故天下無所歸功帝者體天則地有言有令而天下太平君臣讓功四海化行百姓不知其所以然故使臣不待禮賞有功美而無害王者制人以道降心服志設矩備衰四海會同王職不廢雖有甲兵之備而無鬬戰之患君無疑於臣臣無疑於主國定主安臣以義退亦能美而無害霸者制士以權結士以信使士以賞信衰則士疏賞虧則士不用命軍勢曰出軍行師將在自專進退內御

則功難成軍勢曰使智使勇使貪使愚智者樂立其功勇者好行其志貪者邀趨其利愚者不顧其死因其至情而用之此軍之微權也軍勢曰無使辯士談說敵美爲其惑衆無使仁者主財爲其多施而附於下軍勢曰禁巫祝不得爲吏士卜問軍之吉凶軍勢曰使義士不以財故義者不爲不仁者死智者不爲闇主謀主不可以無德無德則臣叛不可以無威無威則失權臣不可以無德無德則無以事君不可以無威無威則國弱威多則身蹶故聖王御世觀盛衰度得失而爲之制故諸侯二師方伯三師天子六

師世亂則叛逆生王澤竭則盟誓相誅伐德同勢敵無以相傾乃擥英雄之心與衆同好惡然後加之以權變故非計策無以決嫌定疑非譎奇無以破姦息寇非陰謀無以成功聖人體天賢者法地智者師古是故三略爲衰世作上略設禮賞別姦雄著成敗中略差德行審權變下略陳道德察安危明賊賢之咎故人主深曉上略則能任賢擒敵深曉中略則能御將統衆深曉下略則能明盛衰之源審治國之紀人臣深曉中略則能全功保身夫高鳥死良弓藏敵國滅謀臣亡亡者非喪其身也謂奪其威廢其權也封

之於朝極人臣之位以顯其功中州善國以富其家美色珍玩以說其心夫人衆一合而不可卒離威權一與而不可卒移還師罷軍存亡之階故弱之以位奪之以國是謂霸者之略故霸者之作其論駁也存社稷羅英雄者中略之勢也故世主祕焉

黃石公三略卷中

黃石公三略卷下

下略

夫能扶天下之危者則據天下之安能除天下之憂者則享天下之樂能救天下之禍者則獲天下之福故澤及於民則賢人歸之澤及昆蟲則聖人歸之賢人所歸則其國強聖人所歸則六合同求賢以德致聖以道賢去則國微聖去則國乖微者危之階乖者亡之徵賢人之政降人以體聖人之政降人以心體降可以圖始心降可以保終降體以禮降心以樂所謂樂者非金石絲竹也謂人樂其家謂人樂其族謂

人樂其業謂人樂其都邑謂人樂其政令謂人樂其道德如此君人者乃作樂以節之使不失其和故有德之君以樂樂人無德之君以樂樂身樂人者久而而長樂身者不久而亡釋近謀遠者勞而無功釋遠謀近者佚而有終佚政多忠臣勞政多怨民故曰務廣地者荒務廣德者強能有其有者安貪人之有者殘殘滅之政累世受患造作過制雖成必敗舍己而教人者逆正己而化人者順逆者亂之招順者治之要道德仁義禮五者一體也道者人之所蹈德者人之所得仁者人之所親義者人之所宜禮者人之所體

不可無一焉故夙興夜寐禮之制也討賊報讎義之决也惻隱之心仁之發也得已得人德之路也使人均平不失其所道之化也出君下臣名曰命施於竹帛名曰令奉而行之名曰政夫命失則令不行令不行則政不正政不正則道不通道不通則邪臣勝邪臣勝則主威傷千里迎賢其路遠致不肖其路近是以明王舍近而取遠故能全功尚人而下盡力廢一善則衆善衰賞一惡則衆惡歸善者得其祐惡者受其誅則國安而衆善至衆疑無定國衆惑無治民疑定惑還國乃可安一令逆則百令失一惡施則百惡

結故善施於順民惡加於凶民則令行而無怨使怨
治怨是謂逆天使亂治亂其禍不救治民使平致平
以清則民得其所而天下寧犯上者尊貪鄙者富雖
有聖王不能致其治犯上者誅貪鄙者拘則化行而
衆惡消清白之士不可以爵祿得節義之士不可以
威刑脅故明君求賢必觀其所以而致焉致清白之
士修其禮致節義之士脩其道而後士可致而名可
保夫聖人君子明盛衰之源通成敗之端審治亂之
機知去就之節雖窮不處亡國之位雖貧不食亂邦
之祿潛名抱道者時至而動則極人臣之位德合於

己則建殊絕之功故其道高而名揚於後世聖王之用兵非樂之也將以誅暴討亂也夫以義誅不義若決江河而漑爝火臨不測而擠欲墮其克必矣所以優游恬淡而不進者重傷人物也夫兵者不祥之器天道惡之不得已而用之是天道也夫人之在道若魚之在水得水而生失水而死故君子者常畏懼而不敢失道豪傑秉職國威乃弱殺生在豪傑國勢乃竭豪傑低首國乃可久殺生在君國乃可安四民用靈國乃無儲四民用足國乃安樂賢臣內則邪臣外邪臣內則賢臣斃內外失宜禍亂傳世大臣疑主衆

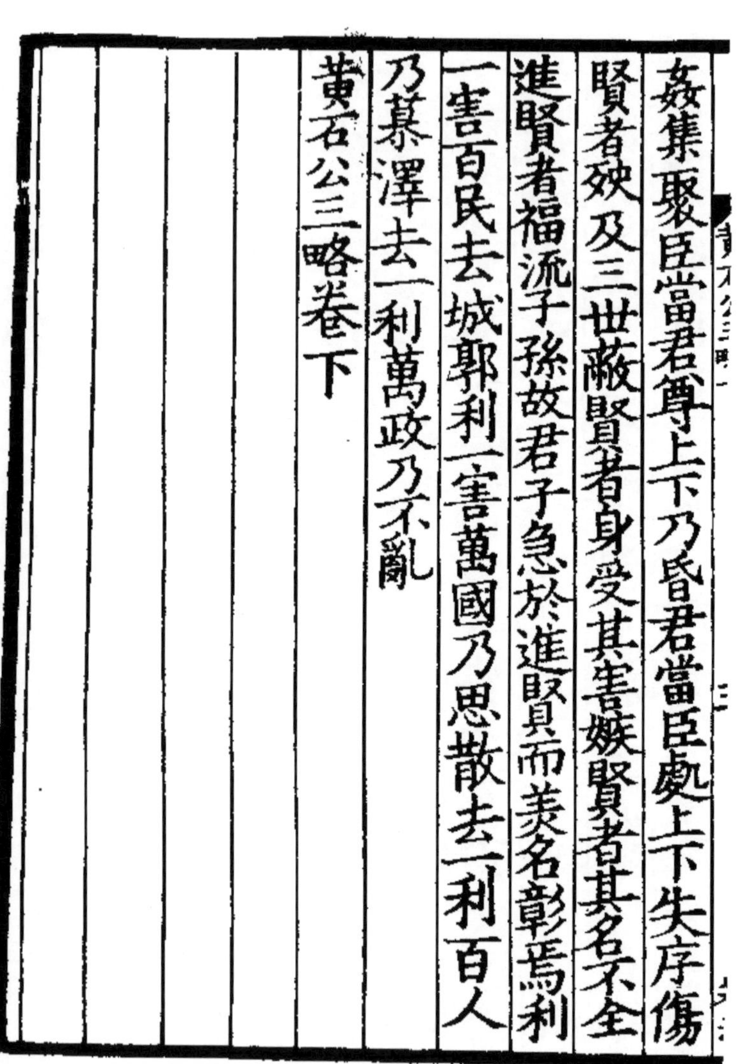

姦集聚臣當君尊上下乃昏君當臣處上下失序傷賢者殃及三世蔽賢者身受其害嫉賢者其名不全進賢者福流子孫故君子急於進賢而美名彰焉利一害百民去城郭利一害萬國乃思散去一利百人乃慕澤去一利萬政乃不亂

黃石公三略卷下

六韜卷第一

文韜

文師

文王將田史編布卜曰田於渭陽將大得焉非龍非彲非虎非羆兆得公侯天遺汝師以之佐昌施及三王文王曰兆致是乎史編曰編之太祖史疇爲禹占得臯陶兆比於此文王乃齋三日乘田車駕田馬田於渭陽卒見太公坐茅以漁文王勞而問之曰子樂漁邪太公曰臣聞君子樂得其志小人樂得其事今吾漁甚有似也殆非樂之也文王曰何謂其有似也太公曰釣有三權祿等以權死等以

權官等以權夫釣以求得也其情深可以觀大矣文王曰
願聞其情太公曰源深而水流水流而魚生之情也根深
而木長木長而實生之情也君子情同而親合親合而事
生之情也言語應對者情之飾也言至情者事之極也
今臣言至情不諱君其惡之乎文王曰唯仁人能受至
諫不惡至情何爲其然太公曰緡微餌明小魚食之緡
調餌香中魚食之緡隆餌豐大魚食之夫魚食其餌乃
牽於緡人食其祿乃服於君故以餌取魚魚可殺以祿
取人人可竭以家取國國可拔以國取天下天下可畢
嗚呼曼曼緜緜其聚必散嘿嘿昧昧其光必遠微哉聖

人之德誘乎獨見樂哉聖人之慮各歸其次而樹斂焉文王曰樹斂何若而天下歸之太公曰天下非一人之天下乃天下之天下也同天下之利者則得天下擅天下之利者則失天下天有時地有財能與人共之者仁也仁之所在天下歸之免人之死解人之難救人之患濟人之急者德也德之所在天下歸之與人同憂同樂同好同惡者義也義之所在天下赴之凡人惡死而樂生好德而歸利能生利者道也道之所在天下歸之文王再拜曰允哉敢不受天之詔命乎乃載與俱歸立爲師

盈虛

文王問太公曰天下熙熙一盈一虛一治一亂所以然者何也其君賢不肖不等乎其天時變化自然乎太公曰君不肖則國危而民亂君賢聖則國安而民治禍福在君不在天時文王曰古之賢君可得聞乎太公曰昔者帝堯之王天下上世所謂賢君也文王曰其治如何太公曰帝堯王天下之時金銀珠玉不飾錦繡文綺不衣奇怪珍異不視玩好之器不寶淫泆之樂不聽宮垣屋室不堊甍桷椽楹不斲茅茨徧庭不剪鹿裘禦寒布衣掩形糲粱之飯藜藿之羹不以役作之故害民耕

績之時削心約志從事乎無爲吏忠正奉法者尊其位廉潔愛人者厚其祿民有孝慈者愛敬之盡力農桑者慰勉之旌別淑德表其門閭平心正節以法度禁邪僞所憎者有功必賞所愛者有罪必罰存養天下鰥寡孤獨振贍禍亡之家其自奉也甚薄其賦役也甚寡故萬民富樂而無飢寒之色百姓戴其君如日月親其君如父母文王曰大哉賢君之德也

國務

文王問太公曰願聞爲國之大務欲使主尊人安爲之奈何太公曰愛民而已文王曰愛民奈何太公曰利而勿害成

而勿敗生而勿殺與而勿奪樂而勿苦喜而勿怒文王曰敢請釋其故太公曰民不失務則利之農不失時則成之省刑罰則生之薄賦斂則與之儉宮室臺榭則樂之吏清不苛擾則喜之民失其務則害之農失其時則敗之無罪而罰則殺之重賦斂則奪之多營宮室臺榭以疲民力則苦之吏濁苛擾則怒之故善爲國者馭民如父母之愛子如兄之愛弟見其飢寒則爲之憂見其勞苦則爲之悲賞罰如加於身賦斂如取己物此愛民之道也

大禮

文王問太公曰君臣之禮如何太公曰爲上唯臨爲下唯沈臨而無遠沈而無隱爲上唯周爲下唯定周則天也定則地也或天或地大禮乃成文王曰主位如何太公曰安徐而靜柔節先定善與而不爭虛心平志待物以正文王曰主聽如何太公曰勿妄而許勿逆而拒許之則失守拒之則閉塞高山仰之不可極也深淵度之不可測也神明之德正靜其極文王曰主明如何太公曰目貴明耳貴聰心貴智以天下之目視則無不見也以天下之耳聽則無不聞也以天下之心慮則無不知也輻湊並進則明不蔽矣

明傳

文王寢疾，召太公望，太子發在側曰嗚呼天將棄予周之社稷將以屬汝今予欲師至道之言以明傳之子孫太公曰王何所問文王曰先聖之道其所止其所起可得聞乎太公曰見善而怠時至而疑知非而處此三者道之所止也柔而靜恭而敬強而弱忍而剛此四者道之所起也故義勝欲則昌欲勝義則亡敬勝怠則吉怠勝敬則滅

六守

文王問太公曰君國主民者其所以失之者何也太公曰

不愼所與也人君有六守三寶文王曰六守何也太公曰一曰仁二曰義三曰忠四曰信五曰勇六曰謀是謂六守文王曰愼擇六守者何太公曰富之而觀其無犯貴之而觀其無驕付之而觀其無轉使之而觀其無隱危之而觀其無恐事之而觀其無窮富之而不犯者仁也貴之而不驕者義也付之而不轉者忠也使之而不隱者信也危之而不恐者勇也事之而不窮者謀也人君無以三寶借人借人則君失其威文王曰敢問三寶太公曰大農大工大商謂之三寶農一其鄉則穀足工一其鄉則器足商一其鄉則貨足三寶各安其處民乃

不慮無亂其鄉無亂其族臣無富於君都無大於國六守長則君昌三寶完則國安

守土

文王問太公曰守土奈何太公曰無踈其親無怠其衆撫其左右御其四旁無借人國柄借人國柄則失其權無掘壑而附丘無舍本而治末日中必彗操刀必割執斧必伐日中不彗是謂失時操刀不割失利之期執斧不伐賊人將來涓涓不塞將爲江河熒熒不救炎炎奈何兩葉不去將用斧柯是故人君必從事於富不富無以爲仁不施無以合親踈其親則害失其衆則

敗無借人利器借人利器則爲人所害而不終其正也王曰何謂仁義太公曰敬其衆合其親敬其衆則和合其親則喜是謂仁義之紀無使人奪汝威因其明順其常順者任之以德逆者絕之以力敬之無疑天下和服

守國

文王問太公曰守國奈何太公曰齋將語君天地之經四時所生仁聖之道民機之情王即齋七日北面再拜而問之太公曰天生四時地生萬物天下有民仁聖牧之故春道生萬物榮夏道長萬物成秋道斂

萬物盈冬、道藏萬物尋盈則藏藏則復起莫知所終莫知所始聖人配之以爲天地經紀故天下治仁聖藏天下亂仁聖昌至道其然也聖人之在天地間也其寶固大矣因其常而視之則民安夫民動而爲機機動而得失爭矣故發之以其陰會之以其陽爲之先唱天下和之極反其常莫進而爭莫退而讓守國如此與天地同光

上賢

文王問太公曰王人者何上何下何取何去何禁何止太公曰王人者上賢下不肖取誠信去詐僞禁暴亂

止奢侈故王人者有六賊七害文王曰願聞其道太
公曰夫六賊者一曰臣有大作宮室池榭遊觀倡樂
者傷王之德二曰民有不事農桑任氣遊俠犯歷法
禁不從吏教者傷王之化三曰臣有結朋黨蔽賢智
鄣主明者傷王之權四曰士有抗志高節以為氣勢
外交諸侯不重其主者傷王之威五曰臣有輕爵位
賤有司羞為上犯難者傷功臣之勞六曰強宗侵奪
陵侮貧弱者傷庶人之業七害者一曰無智略權謀
而以重賞尊爵之故強勇輕戰僥倖於外王者慎勿
使為將二曰有名無實出入異言掩善揚惡進退

爲巧王者愼勿與謀三曰朴其身躬惡其衣服語無爲以求名言無欲以求利此僞人也王者愼勿近四曰奇其冠帶偉其衣服博聞辯辭虛論高議以爲容美窮居靜處而誹時俗此姦人也王者愼勿寵五曰讒佞苟得以求官爵果敢輕死以貪祿秩不圖大事得利而動以高談虛論說於人主王者愼勿使六曰爲雕文刻鏤技巧華飾而傷農事王者必禁之七曰僞方異伎巫蠱左道不祥之言幻惑良民王者必止之故民不盡力非吾民也士不誠信非吾士也臣不忠諫非吾臣也吏不平潔愛人非吾吏也相不能富

國強兵調和陰陽以安萬乘之主正羣臣定名實明賞罰樂萬民非吾相也夫王者之道如龍首高居而遠望深視而審聽示其形隱其情若天之高不可極也若淵之深不可測也故可怒而不怒姦臣乃作可殺而不殺大賊乃發兵勢不行敵國乃強文王曰善哉

舉賢

文王問太公曰君務舉賢而不獲其功世亂愈甚以至危亡者何也太公曰舉賢而不用是有舉賢之名而無用賢之實也文王曰其失安在太公曰其失在君好用世俗之所譽而不得真賢也文王曰何如太公曰

君以世俗之所譽者為賢以世俗之所毀者為不肖則多黨者進少黨者退若是則羣邪比周而蔽賢忠臣死於無罪姦臣以虛譽取爵位是以世亂愈甚則國不免於危亡文王曰舉賢奈何太公曰將相分職而各以官名舉人按名督實選才考能令實當其名名當其實則得舉賢之道也

賞罰

文王問太公曰賞所以存勸罰所以示懲吾欲賞一以勸百罰一以懲衆為之奈何太公曰凡用賞者貴信用罰者貴必賞信罰必於耳目之所聞見則所不

聞見者莫不陰化矣夫誠暢於天地通於神明而況於人乎

兵道

武王問太公曰兵道如何太公曰凡兵之道莫過乎一一者能獨往獨來黄帝曰一者階於道幾於神用之在於機顯之在於勢成之在於君故聖王號兵為凶器不得已而用之今商王知存而不知亡知樂而不知殃夫存者非存在於慮亡樂者非樂在於慮殃今王已慮其源豈憂其流乎武王曰兩軍相遇彼不可來此不可往各設固備未敢先發我欲襲之不得

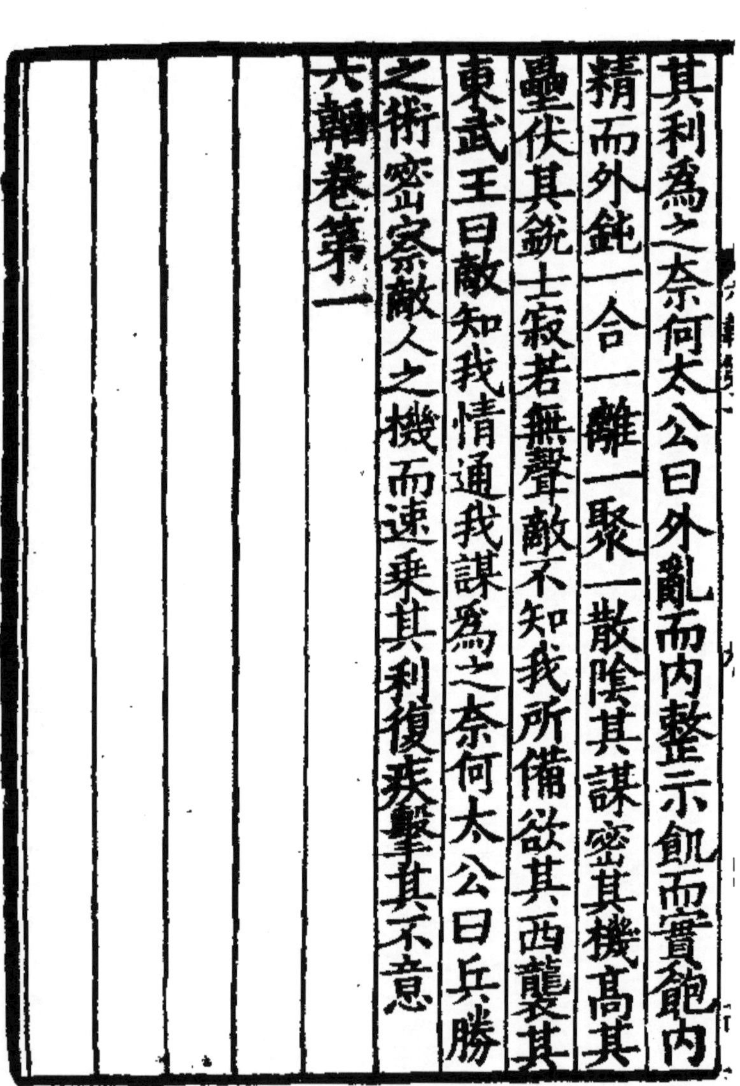

其利爲之奈何太公曰外亂而內整示飢而實飽內精而外鈍一合一離一聚一散陰其謀密其機高其壘伏其鋭士寂若無聲敵不知我所備欲其西襲其東武王曰敵知我情通我謀爲之奈何太公曰兵勝之術密察敵人之機而速乘其利復疾擊其不意

六韜卷第一

六韜　第二

武韜

發啓

文王在酆召太公曰嗚呼商王虐極罪殺不辜公尚助予憂民如何太公曰王其修德以下賢惠民以觀天道天道無殃不可先倡人道無災不可先謀必見天殃又見人災乃可以謀必見其陽又見其陰乃知其心必見其外又見其內乃知其意必見其疏又見其親乃知其情行其道道可致也從其門門可入也立其禮禮可成也爭其強強可勝也全勝不鬭大兵

無創與鬼神通微哉微哉與人同病相救同情相成同惡相助同好相趨故無甲兵而勝無衝機而攻無溝壍而守大智不智大謀不謀大勇不勇大利不利利天下者天下啓之害天下者天下閉之天下者非一人之天下乃天下之天下也取天下者若逐野獸而天下皆有分肉之心若同舟而濟濟則皆同其利敗則皆同其害然則皆有啓之無有閉之也無取於民者取民者也無取於國者取國者也無取於天下者取天下者也無取民者民利之無取國者國利之無取天下者天下利之故道在不可見事在不可聞

勝在不可知微哉微哉鷙鳥將擊卑飛斂翼猛獸將搏弭耳俯伏聖人將動必有愚色今彼殷商衆口相惑紛紛渺渺好色無極此亡國之徵也吾觀其野草菅勝穀吾觀其衆邪曲勝直吾觀其吏暴虐殘賊敗法亂刑上下不覺此亡國之時也大明發而萬物皆照大義發而萬物皆利大兵發而萬物皆服大哉聖人之德獨聞獨見樂哉

文啓

文王問太公曰聖人何守太公曰何憂何嗇萬物皆得何嗇何憂萬物皆遒政之所施莫知其化時之所

在莫知其移聖人守此而萬物化何窮之有終而復始優之游之展轉求之求而得之不可不藏既以藏之不可不行既以行之勿復明之夫天地不自明故能長生聖人不自明故能名彰古之聖人聚人而為家聚家而為國聚國而為天下分封賢人以為萬國命之曰大紀陳其政教順其民俗羣曲化直變於形容萬國不通各樂其所人愛其上命之曰大定嗚呼聖人務靜之賢人務正之愚人不能正故與人爭上勞則刑繁刑繁則民憂民憂則流亡上下不安其生累世不休命之曰大失天下之人如流水障之則止

啓之則行靜之則清嗚呼神哉聖人見其所始則知其所終文王曰靜之奈何太公曰天有常形民有常生與天下共其生而天下靜矣太上因之其次化之夫民化而從政是以天無爲而成事民無與而自富此聖人之德也文王曰公言乃協予懷夙夜念之不忘以用爲常

文伐

文王問太公曰文伐之法奈何太公曰凡文伐有十二節一曰因其所喜以順其志彼將生驕必有好事苟能因之必能去之二曰親其所愛以分其威一人

兩心其中必衰廷無忠臣社稷必危三曰陰賂左右得情甚深身內情外國將生害四曰輔其淫樂以廣其志厚賂珠玉娛以美人卑辭委聽順命而合彼將不爭姦節乃定五曰嚴其忠臣而薄其賂稽留其使勿聽其事亟爲置代遺以誠事親而信之其君將復合之苟能嚴之國乃可謀六曰收其內間其外才臣外相敵國內侵國鮮不亡七曰欲錮其心必厚賂之收其左右忠愛陰示以利令之輕業而蓄積空虛八曰賂以重寶因與之謀謀而利之利之必信是謂重親重親之積必爲我用有國而外其地大敗九曰尊

之以名無難其身示以大勢從之必信致其大尊先爲之榮微飾聖人國乃大偷十曰下之必信以得其情承意應事如與同生既以得之乃微收之時及將至若天喪之十一曰塞之以道人臣無不重貴與富惡死與咎陰示大尊而微輸重寶收其豪傑內積甚厚而外爲之陰納智士使圖其計納勇士使高其氣富貴甚足而常有繁滋徒黨已具是謂塞之有國而塞安能有國十二曰養其亂臣以迷之進美女淫聲以惑之遺良犬馬以勞之時與大勢以誘之上察而與天下圖之十二節備乃成武事所謂上察天下察

地徼已見乃伐之

順啓

文王問太公曰何如而可爲天下太公曰大蓋天下然後能容天下信蓋天下然後能約天下仁蓋天下然後能懷天下恩蓋天下然後能保天下權蓋天下然後能不失天下事而不疑則天運不能移時變不能遷此六者備然後可以爲天下政故利天下者天下啓之害天下者天下閉之生天下者天下德之殺天下者天下賊之徹天下者天下通之窮天下者天下仇之安天下者天下恃之危天下者天下災之天

下者非一人之天下唯有道者處之

三疑

武王問太公曰予欲立功有三疑恐力不能攻強離親散衆爲之柰何太公曰因之愼謀用財夫攻強必養之使強益之使張太強必折太張必缺攻強以強離親以親散衆以衆凡謀之道周密爲寶設之以事玩之以利爭心必起欲離其親因其所愛與其寵人與之所欲示之所利因以疏之無使得志彼貪利甚喜遺疑乃止凡攻之道必先塞其明而後攻其強毀其大除民之害淫之以色啗之以利養之以味娛之以

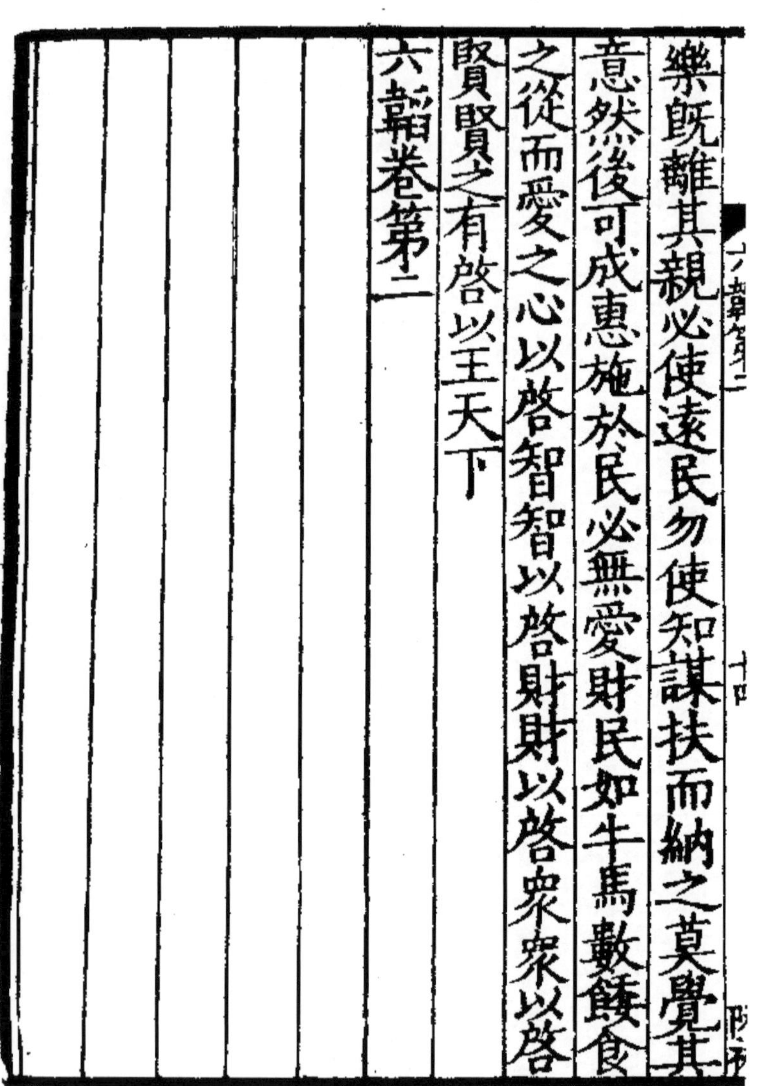

樂既離其親必使遠民勿使知謀扶而納之莫覺其意然後可成惠施於民必無愛財民如牛馬數餧食之從而愛之心以啓智智以啓財財以啓衆衆以啓賢賢之有啓以王天下

六韜卷第二

六韜卷第三

龍韜

王翼

武王問太公曰王者帥師必有股肱羽翼以成威神爲之柰何太公曰凡舉兵帥師以將爲命命在通達不守一術因能受職各取所長隨時變化以爲綱紀故將有股肱羽翼七十二人以應天道備數如法審知命理殊能異技萬事畢矣武王曰請問其目太公曰腹心一人主潛謀應卒揆天消變揔攬計謀保全民命謀士五人主圖安危慮未萌論行能明賞罰授

官位決嫌疑定可否天文三人主司星曆候風氣推時日考符驗校灾異知人心去就之機地利三人主三軍行止形勢利害消息遠近險易水涸山阻不失地利兵法九人主講論異同行事成敗簡練兵器刺舉非法通糧四人主度飲食蓄積通糧道致五穀令三軍不困乏奮威四人主擇材力論兵革風馳電擊不知所由伏鼓旗三人主伏鼓旗明耳目詭符節謬號令闇忽往來出入若神股肱四人主任重持難修溝塹治壁壘以備守禦通材三人主拾遺補過應偶賓客論議談語消患解結權士三人主行奇譎設殊

異非人所識行無窮之變耳目七人主往來聽言視變覽四方之事軍中之情爪牙五人主揚威武激勵三軍使冒難攻銳無所疑慮羽翼四人主揚名譽震遠方搖動四境以弱敵心遊士八人主伺姦候變開闔人情觀敵之意以爲間諜術士二人主爲譎詐依託鬼神以惑衆心方士二人主百藥以治金瘡以痊萬病法筭二人主計會三軍營壁糧食財用出入

論將

武王問太公曰論將之道奈何太公曰將有五材十過武王曰敢問其目太公曰所謂五材者勇智仁信

忠也勇則不可犯智則不可亂仁則愛人信則不欺忠則無二心所謂十過者有勇而輕死者有急而心速者有貪而好利者有仁而不忍人者有智而心怯者有信而喜信人者有廉潔而不愛人者有智而心緩者有剛毅而自用者有懦而喜任人者勇而輕死者可暴也急而心速者可久也貪而好利者可遺也仁而不忍人者可勞也智而心怯者可窘也信而喜信人者可誑也廉潔而不愛人者可侮也智而心緩者可襲也剛毅而自用者可事也懦而喜任人者可欺也故兵者國之大事存亡之道命在於將將者國

之輔先王之所重也故置將不可不察也故曰兵不兩勝亦不兩敗兵出踰境期不十日不有亡國必有破軍殺將武王曰善哉

選將

武王問太公曰王者舉兵欲簡練英雄知士之高下爲之奈何太公曰夫士外貌不與中情相應者十五有嚴而不肖者有溫良而爲盜者有貌恭敬而心慢者有外廉謹而內無至誠者有精精而無情者有湛湛而無誠者有好謀而不決者有如果敢而不能者有悾悾而不信者有怳怳惚惚而反忠實者有詭激

而有功効者有外勇而內怯者有肅肅而反易人者有嗃嗃而反靜愨者有勢虛形劣而外出無所不至無所不遂者天下所賤聖人所貴凡人莫知非有大明不見其際此士之外貌不與中情相應者也武王曰何以知之太公曰知之有八徵一曰問之以言以觀其辭二曰窮之以辭以觀其變三曰與之閒謀以觀其誠四曰明白顯問以觀其德五曰使之以財以觀其廉六曰試之以色以觀其貞七曰告之以難以觀其勇八曰醉之以酒以觀其態八徵皆備則賢不肖別矣

立將

武王問太公曰立將之道奈何太公曰凡國有難君避正殿召將而詔之曰社稷安危一在將軍今某國不臣願將軍帥師應之將既受命乃命太史卜齋三日之太廟鑽靈龜卜吉日以授斧鉞君入廟門西面而立將入廟門北面而立君親操鉞持首授將其柄曰從此上至天者將軍制之復操斧持柄授將其刃曰從此下至淵者將軍制之見其虛則進見其實則止勿以三軍爲眾而輕敵勿以受命爲重而必死勿以身貴而賤人勿以獨見而違眾勿以辯說爲必然

士未坐勿坐士未食勿食寒暑必同如此則士衆必
盡死力將已受命拜而報君曰臣聞國不可從外治
軍不可從中御二心不可以事君疑志不可以應敵
臣旣受命專斧鉞之威臣不敢生還願君亦垂一言
之命於臣君不許臣臣不敢將君許之乃辭而行軍
中之事不聞君命皆由將出臨敵决戰無有二心若
此則無天於上無地於下無敵於前無君於後是故
智者爲之謀勇者爲之鬬氣厲青雲疾若馳鶩兵不
接刃而敵降服戰勝於外功立於内吏遷士賞百姓
懽說將無咎殃是故風雨時節五穀豐熟社稷安寧

武王曰善哉

將威

武王問太公曰將何以爲威何以爲明何以爲禁止而令行太公曰將以誅大爲威以賞小爲明以罰審爲禁止而令行故殺一人而三軍震者殺之賞一人而萬人說者賞之殺貴大賞貴小殺及當路貴重之臣是刑上極也賞及牛豎馬洗廄養之徒是賞下通也刑上極賞下通是將威之所行也

勵軍

武王問太公曰吾欲令三軍之衆攻城爭先登野戰

爭先赴聞金聲而怒聞鼓聲而喜爲之奈何太公曰將有三武王曰敢問其目太公曰將冬不服裘夏不操扇雨不張蓋名曰禮將將不身服禮無以知士卒之寒暑出隘塞犯泥塗將必先下步名曰力將將不身服力無以知士卒之勞苦軍皆定次將乃就舍炊者皆熟將乃就食軍不舉火將亦不舉名曰止欲將將不身服止欲無以知士卒之飢飽將與士卒共寒暑勞苦飢飽故三軍之衆聞鼓聲則喜聞金聲則怒高城深池矢石繁下士爭先登白刃始合士爭先赴士非好死而樂傷也爲其將知寒暑飢飽之審而

見勞苦之明也

陰符

武王問太公曰引兵深入諸侯之地三軍卒有緩急或利或害吾將以近通遠從中應外以給三軍之用爲之奈何太公曰主與將有陰符凡八等有大勝克敵之符長一尺破軍擒將之符長九寸降城得邑之符長八寸却敵報遠之符長七寸警衆堅守之符長六寸請糧益兵之符長五寸敗軍亡將之符長四寸失利亡士之符長三寸諸奉使行符稽留若符事聞泄告者皆誅之八符者主將秘聞所以陰通言語不

泄中外相知之術敵雖聖智莫之能識武王曰善哉

陰書

武王問太公曰引兵深入諸侯之地主將欲合兵行無窮之變圖不測之利其事煩多符不能明相去遼遠言語不通為之奈何太公曰諸有陰事大慮當用書不用符主以書遺將將以書問主書皆一合而再離三發而一知再離者分書為三部三發而一知者言三人人操一分相參而不相知情也此謂陰書敵雖聖智莫之能識武王曰善哉

軍勢

武王問太公曰攻伐之道奈何太公曰資因敵家之動變生於兩陣之間奇正發於無窮之源故至事不語用兵不言且事之至者其言不足聽也兵之用者其狀不足見也倏而往忽而來能獨專而不制者兵也夫兵聞則議見則圖知則困辨則危故善戰者不待張軍善除患者理於未生善勝敵者勝於無形上戰無與戰故爭勝於白刃之前者非良將也設備於已失之後者非上聖也智與衆同非國師也技與衆同非國工也事莫大於必克用莫大於玄默動莫神於不意謀莫善於不識夫先勝者先見弱於敵而後

戰者也故事半而功倍焉聖人徵於天地之動孰知其紀循陰陽之道而從其候當天地盈縮因以為常物有死生因天地之形故曰未見形而戰雖衆必敗善戰者居之不撓見勝則起不勝則止故曰無恐懼無猶豫用兵之害猶豫最大三軍之災莫過狐疑善者見利不失遇時不疑失利後時反受其殃故智者從之而不釋巧者一決而不猶豫是以疾雷不及掩耳迅電不及瞑目赴之若驚用之若狂當之者破近之者亡孰能禦之夫將有所不言而守者神也有所不見而視者明也故知神明之道者野無衡敵對無

立國武王曰善哉

奇兵

武王問太公曰凡用兵之道大要何如太公曰古之善戰者非能戰於天上非能戰於地下其成與敗皆由神勢得之者昌失之者亡夫兩陳之間出甲陳兵縱卒亂行者所以為變也深草蓊翳者所以逃遁也谿谷險阻者所以止車禦騎也隘塞山林者所以少擊衆也坳澤窈冥者所以匿其形也清明無隱者所以戰勇力也疾如流矢如發機者所以破精微也詭伏設奇遠張誑誘者所以破軍擒將也四分五

裂者所以擊圓破方也因其驚駭者所以一擊十也因其勞倦暮舍者所以十擊百也奇伎者所以越深水渡江河也彊弩長兵者所以踰水戰也長關遠候暴疾謬遁者所以降城服邑也鼓行喧囂者所以行奇謀也大風甚雨者所以搏前擒後也僞稱敵使者所以絶糧道也謬號令與敵同服者所以備走北也戰必以義者所以勵衆勝敵也尊爵重賞者所以勸用命也嚴刑罰者所以進罷怠也一喜一怒一與一奪一文一武一徐一疾者所以調和三軍制一臣下也處高敞者所以警守也保阻險者所以爲固也

山林茂穢者所以默往来也深溝高壘粮多者所以持久也故曰不知戰攻之策不可以語敵不能分移不可以語奇不通治亂不可以語變故曰將不仁則三軍不親將不勇則三軍不銳將不智則三軍大疑將不明則三軍大傾將不精微則三軍失其機將不常戒則三軍失其備將不彊力則三軍失其職故將者人之司命三軍與之俱治與之俱亂得賢將者兵彊國昌不得賢將者兵弱國亡武王曰善哉

五音

武王問太公曰律音之聲可以知三軍之消息勝

負之決乎太公曰深哉王之問也夫律管十二其要有五音宮商角徵羽此其正聲也萬代不易五行之神道之常也可以知敵金木水火土各以其勝攻之古者三皇之世虛無之情以制剛彊無有文字皆由五行五行之道天地自然六甲之分微妙之神其法以天清淨無陰雲風雨夜半遣輕騎往至敵人之壘去九百步外偏持律管當耳大呼驚之有聲應管其來甚微角聲應管當以白虎徵聲應管當以玄武商聲應管當以朱雀羽聲應管當以勾陳五管聲盡不應者宮也當以青龍此五行之符佐勝之徵成敗之

機武王曰善哉太公曰微妙之音皆有外候武王曰何以知之太公曰敵人驚動則聽之聞枹鼓之音者角也見火光者徵也聞金鐵矛戟之音者商也聞人嘯呼之音者羽也寂寞無聞者宮也此五者聲色之符也

兵徵

武王問太公曰吾欲未戰先知敵人之強弱豫見勝負之徵爲之奈何太公曰勝負之徵精神先見明將察之其敗在人謹候敵人出入進退察其動靜言語祅祥士卒所告凡三軍說懌士卒畏法敬其將命相

喜以破敵相陳以勇猛相賢以威武此強徵也三軍數驚士卒不齊相恐以敵強相語以不利耳目相屬袄言不止衆口相惑不畏法令不重其將此弱徵也三軍齊整陳勢已固深溝高壘又有大風甚雨之利三軍無故旌旗前指金鐸之聲揚以清鼙鼓之聲宛以鳴此得神明之助大勝之徵也行陳不固旌旗亂而相繞逆大風甚雨之利士卒恐懼氣絕而不屬戎馬驚奔兵車折軸金鐸之聲下以濁鼙鼓之聲濕如沐此大敗之徵也凡攻城圍邑城之氣色如死灰城可屠城之氣出而北城可克城之氣出而西城必降

城之氣出而南城不可拔城之氣出而東城不可攻城之氣出而復入城主逃北城之氣出而覆我軍之上軍必病城之氣出高而無所止用日長久凡攻城圍邑過旬不雷不雨必亟去之城必有大輔此所以知可攻而攻不可攻而止武王曰善哉

農器

武王問太公曰天下安定國家無事戰攻之具可無修乎守禦之備可無設乎太公曰戰攻守禦之具盡在於人事耒耜者其行馬蒺藜也馬牛車輿者其營壘蔽櫓也鋤耰之具其矛戟也蓑薛簦笠者其甲冑

干楯也钁鍤斧鋸杵臼其攻城器也牛馬所以轉輸糧用也雞犬其伺候也婦人織紝其旌旗也丈夫平壤其攻城也春鏺草棘其戰車騎也夏耨田疇其戰步兵也秋刈禾薪其糧食儲備也冬實倉廩其堅守也田里相伍其約束符信也里有吏官有長其將帥也里有周垣不得相過其隊分也輸粟收芻其廩庫也春秋治城郭修溝渠其塹壘也故用兵之具盡在於人事也善爲國者取於人事故必使遂其六畜闢其田野安其處所丈夫治田有畝數婦人織紝有尺度是富國強兵之道也武王曰善哉

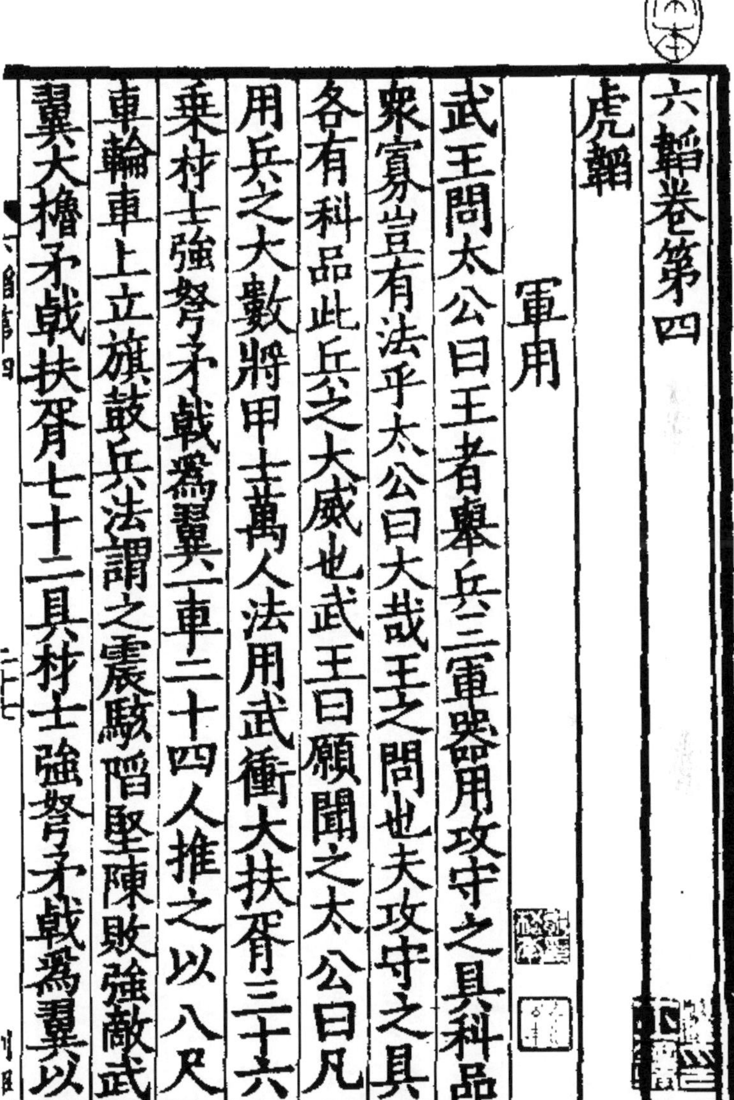

六韜卷第四

虎韜

軍用

武王問太公曰王者舉兵三軍器用攻守之具科品衆寡豈有法乎太公曰大哉王之問也夫攻守之具各有科品此兵之大威也武王曰願聞之太公曰凡用兵之大數將甲士萬人法用武衝大扶胥三十六乘材士強弩矛戟爲翼一車二十四人推之以八尺車輪車上立旗鼓兵法謂之震駭陷堅陳敗強敵武翼大櫓矛戟扶胥七十二具材士強弩矛戟爲翼以

五尺車輪絞車連弩自副陷堅陳敗強敵提翼小櫓扶胥一百四十具絞車連弩自副以鹿車輪陷堅陳敗強敵大黃參連弩大扶胥三十六乘材士強弩矛戟爲翼飛鳧電影自副飛鳧赤莖白羽以銅爲首電影青莖赤羽以鐵爲首晝則以絳縞長六尺廣六寸爲光耀夜則以白縞長六尺廣六寸爲流星陷堅陳敗步騎大扶胥衝車三十六乘螳蜋武士共載可以縱擊横可以敗敵輜車騎寇一名電車兵法謂之電擊陷堅陳敗步騎寇夜來前矛戟扶胥輕車一百六十乘螳蜋武士三人共載兵法謂之霆擊陷堅陳敗

步騎方首鐵棓維朌重十二斤柄長五尺以上千二百枚一名天棓大柯斧刃長八寸重八斤柄長五尺以上千二百枚一名天鉞方首鐵鎚重八斤柄長五尺以上千二百枚一名天鎚敗步騎羣寇飛鉤長八寸鉤芒長四寸柄長六尺以上千二百枚以投其衆三軍拒守木螳蜋劍刃扶胥廣二丈百二十具一名行馬平易地以步兵敗車騎木蒺藜去地二尺五寸百二十具敗步騎要窮寇遮走北軸旋短衝矛戟扶胥百二十具黃帝所以敗蚩尤氏敗步騎要窮寇遮走北狹路微徑張鐵蒺藜芒高四寸廣八寸長六尺

以上千二百具敗步騎突瞋來前促戰白刃接張地
羅鋪兩鏃蒺藜參連織女芒間相去二寸萬二千
具曠野草中方胷鋋矛千二百具張鋋矛法高一尺
五寸敗步騎要窮寇遮走北狹路微徑地陷鐵械鎖
參連百二十具敗步騎要窮寇遮走北壘門拒守矛
戟小櫓十二具絞車連弩自副三軍拒守天羅虎落
鎖連一部廣一丈五尺高八尺百二十具虎落劍刃
扶胥廣一丈五尺高八尺五百二十具渡溝塹飛橋
一間廣一丈五尺長二丈以上著轉關轆轤八具以
環利通索張之渡大水飛江廣一丈五尺長二丈以

上八具以環利通索張之天浮鐵螳蜋矩內圓外徑四尺以上環絡自副三十二具以天浮張飛江濟大海謂之天潢一名天舡山林野居結虎落柴營環利鐵鎖長二丈以上千二百枚環利大通索大四寸長四丈以上六百枚環利中通索大二寸長四丈以上二百枚環利小微縲長二丈以上萬二千枚天雨蓋重車上板結枲鉏鋙廣四尺長四丈以上車一具以鐵杙張之伐木大斧重八斤柄長三尺以上三百枚棨钁刃廣六寸柄長五尺以上三百枚銅築固爲垂長五尺以上三百枚鷹爪方胷鐵杷柄長七尺以上

三百枚方肖鐵叉柄長七尺以上三百枚方肯兩枝鐵叉柄長七尺以上三百枚芟草木大鐮柄長七尺以上三百枚大櫓刀重八斤柄長六尺三百枚委環鐵杙長三尺以上三百枚椓杙大鎚重五斤柄長二尺以上百二十具甲士萬人強弩六千戟楯二千矛楯二千修治攻具砥礪兵器巧手三百人此舉兵軍用之大數也武王曰允哉

三陳

武王問太公曰凡用兵爲天陳地陳人陳奈何太公曰日月星辰斗杓一左一右一向一背此謂天陳兵

陵水泉亦有前後左右之利此謂地陳用車用馬用文用武此謂人陳武王曰善哉

疾戰

武王問太公曰敵人圍我斷我前後絕我糧道爲之奈何太公曰此天下之困兵也暴用之則勝徐用之則敗如此者爲四武衝陳以武車驍騎驚亂其軍而疾擊之可以橫行武王曰若已出圍地欲因以爲勝爲之奈何太公曰左軍疾左右軍疾右無與敵人爭道中軍迭前迭後敵人雖衆其將可走

必出

武王問太公曰引兵深入諸侯之地敵人四合而圍我斷我歸道絕我糧食敵人既衆糧食甚多險阻又固我欲必出爲之奈何太公曰必出之道器械爲寶勇鬬爲首審知敵人空虛之地無人之處可以必出將士人持玄旗操器械設銜枚夜出勇力飛足冒將之士居前平壘爲軍開道材士強弩爲伏兵居後弱卒車騎居中陳畢徐行愼無驚駭以武衝扶胥前後拒守武翼大櫓以備左右敵人若驚勇力冒將之士疾擊而前弱卒車騎以屬其後材士強弩隱伏而處審候敵人追我伏兵疾擊其後多其火鼓若從地出

若從天下三軍勇鬬莫我能禦武王曰前有大水廣塹深坑我欲踰渡無舟楫之備敵人屯壘限我軍前塞我歸道斥候常戒險塞盡中車騎要我前勇士擊我後爲之奈何太公曰大水廣塹深坑敵人所不守或能守之其卒必寡若此者以飛江轉關與天潢以濟吾軍勇力材士從我所指衝敵絕陳皆致其死先燔吾輜重燒吾糧食明告吏士勇鬬則生不勇則死已出者令我踵軍設雲火遠候必依草木丘墓險阻敵人車騎必不敢遠追長驅因以火爲記先出者令至火而止爲四武衝陳如此則吾三軍皆精銳勇鬬

莫我能止武王曰善哉

軍略

武王問太公曰引兵深入諸侯之地遇深谿大谷險阻之水吾三軍未得畢濟而天暴雨流水大至後不得屬於前無有舟梁之備又無水草之資吾欲畢濟使三軍不稽留爲之柰何太公曰凡帥師將衆慮不先設器械不備教不素信士卒不習若此不可以爲王者之兵也凡三軍有大事莫不習用器械攻城圍邑則有轒輼臨衝視城中則有雲梯飛樓三軍行止則有武衝大櫓前後拒守絶道遮街則有材士強弩

衝其兩旁設營壘則有天羅武落行馬蒺藜晝則登雲梯遠望立五色旌旗夜則設雲火萬炬擊雷鼓振鼙鐸吹鳴笳越溝塹則有飛橋轉關轆轤鉏鋙濟大水則有天潢飛江逆波上流則有浮海絕江三軍用備主將何憂

臨境

武王問太公曰吾與敵人臨境相拒彼可以來我可以往陳皆堅固莫敢先舉我欲往而襲之彼亦可來爲之柰何太公曰分兵三處令軍前軍深溝增壘而無出列旌旗擊鼙鼓完爲守備令我後軍多積糧

食無使敵人知我意發我銳士潛襲其中擊其不意攻其無備敵人不知我情則止不來矣武王曰敵人知我之情通我之謀動而得我事其銳士伏於深草要隘路擊我便處爲之柰何太公曰令我前軍日出挑戰以勞其意令我老弱拽柴揚塵鼓呼而往來或出其左或出其右去敵無過百步其將必勞其卒必駭如此則敵人不敢來吾往者不止或襲其內或擊其外三軍疾戰敵人必敗

動靜

武王問太公曰引兵深入諸侯之地與敵之軍相當

兩陳相望衆寡彊弱相等未敢先舉吾欲令敵人將帥恐懼士卒心傷行陳不固後陳欲走前陳數顧鼓譟而乘之敵人遂走爲之柰何太公曰如此者發我兵去寇十里而伏其兩旁車騎百里而越其前後多其旌旗益其金鼓戰合鼓譟而俱起敵將必恐其軍驚駭衆寡不相救貴賤不相待敵人必敗武王曰敵之地勢不可以伏其兩旁車騎又無以越其前後敵知我慮先施其備我士卒心傷將帥恐懼戰則不勝爲之奈何太公曰微哉王之問也如此者先戰五日發我遠候往視其動靜審候其來設伏而待之必於

死地與敵相避遠我旌旗疏我行陳必奔其前與敵相當戰合而走擊金無止三里而還伏兵乃起或陷其兩旁或擊其前後三軍疾戰敵人必走武王曰善哉

金鼓

武王問太公曰引兵深入諸侯之地與敵相當而天大寒甚暑日夜霖雨旬日不止溝壘悉壞隘塞不守斥候懈怠士卒不戒敵人夜來三軍無備上下惑亂爲之柰何太公曰凡三軍以戒爲固以怠爲敗令我壘上誰何不絕人執旌旗外內相望以號相命勿令

之音而皆外向三千人為一屯誡而約之各慎其處敵人若來親我軍之警戒至而必還力盡氣怠發我銳士隨而擊之武王曰敵人知我隨之而伏其銳士佯北不止過伏而還或擊我前或擊我後或薄我壘吾三軍大恐擾亂失次離其處所為之柰何太公曰分為三隊隨而追之勿越其伏三隊俱至或擊其前後或陷其兩旁明號審令疾擊而前敵人必敗

絕道

武王問太公曰引兵深入諸侯之地與敵相守敵人絕我糧道又越我前後吾欲戰則不可勝欲守則不

可久爲之柰何太公曰凡深入敵人之地必察地之
形勢務求便利依山林險阻水泉林木而爲之固謹
守關梁又知城邑丘墓地形之利如是則我軍堅固
敵人不能絶我粮道又不能越我前後武王曰吾三
軍過大陵廣澤平易之地吾盟誤失卒與敵人相薄
以戰則不勝以守則不固敵人翼我兩旁越我前後
三軍大恐爲之柰何太公曰凡帥師之法當先發遠
候去敵二百里審知敵人所在地勢不利則以武衛
爲壘而前又置兩踵軍於後遠者百里近者五十
里即有警急前後相救吾三軍常完堅必無毀傷武

王曰善哉

略地

武王問太公曰戰勝深入略其地有大城不可下其別軍守險與我相拒我欲攻城圍邑恐其別軍卒至而擊我中外相合擊我表裏三軍大亂上下恐駭爲之奈何太公曰凡攻城圍邑車騎必遠屯衛警戒阻其外內中人絕糧外不得輸城人恐怖其將必降武王曰中人絕糧外不得輸陰爲約誓相與密謀夜出窮寇死戰其車騎銳士或衝我內或擊我外士卒迷惑三軍敗亂爲之奈何太公曰如此者當分軍爲三

軍謹視地形而處審知敵人別軍所在及其大城別堡爲之置遺缺之道以利其心謹備勿失敵人恐懼不入山林即歸大邑走其別軍車騎遠要其前勿令遺脫中人以爲先出者得其徑道其練卒材士必出其老弱獨在車騎深入長驅敵人之軍必莫敢至愼勿與戰絕其糧道圍而守之必久其日無燔人積聚無壞人宮室冢樹社叢勿伐降者勿殺得而勿戮示之以仁義施之以厚德令其士民曰罪在一人如此則天下和服武王曰善哉

火戰

武王問太公曰引兵深入諸侯之地遇深草蓊穢周吾軍前後左右三軍行數百里人馬疲倦休止敵人因天燥疾風之利燔吾上風車騎銳士堅伏吾後吾三軍恐怖散亂而走爲之奈何太公曰若此者則以雲梯飛樓遠望左右謹察前後見火起即燔吾前而廣延之又燔吾後敵人若至則引軍而却按黑地而堅處敵人之來猶在吾後見火起必還走吾按黑地而處強弩材士衛吾左右又燔吾前後若此則敵不能害我武王曰敵人燔吾左右又燔吾前後煙覆吾軍其大兵按黑地而起爲之奈何太公曰若此者爲

四武衝陳強弩翼吾左右其法無勝亦無負

壘虛

武王問太公曰何以知敵壘之虛實自來自去太公曰將必上知天道下知地理中知人事登高下望以觀敵之變動望其壘即知其虛實望其士卒則知其去來武王曰何以知之太公曰聽其鼓無音鐸無聲望其壘上多飛鳥而不驚上無氛氣必知敵詐而為偶人也敵人卒去不遠未定而復返者彼用其士卒太疾也太疾則前後不相次不相次則行陳必亂如此者急出兵擊之以少擊衆則必勝矣

六韜卷第五

豹韜

林戰

武王問太公曰引兵深入諸侯之地遇大林與敵分林相拒吾欲以守則固以戰則勝爲之柰何太公曰使吾三軍分爲衝陳便兵所處弓弩爲表戟楯爲裏斬除草木極廣吾道以便戰所高置旌旗謹勑三軍無使敵人知吾之情是謂林戰林戰之法率吾矛戟相與爲伍林間木疏以騎爲輔戰車居前見便則戰不見便則止林多險阻必置衝陳以備前後三軍

疾戰敵人雖衆其將可走更戰更息各按其部是謂林戰之紀

突戰

武王問太公曰敵人深入長驅侵掠我地驅我牛馬其三軍大至薄我城下吾士卒大恐人民係累爲敵所虜吾欲以守則固以戰則勝爲之柰何太公曰如此者謂之突兵其牛馬必不得食士卒絶糧暴擊而前今我遠邑别軍選其鋭士疾擊其後審其期日必會於晦三軍疾戰敵人雖衆其將可虜武王曰敵人分爲三四或戰而侵掠我地或止而收我牛馬其大

軍未盡至而使寇薄我城下致吾三軍恐懼爲之柰何太公曰謹候敵人未盡至則設備而待之去城四里而爲壘金鼓旌旗皆列而張別隊爲伏兵令我壘上多積強弩百步一突門門有行馬車騎居外勇力銳士隱伏而處敵人若至使我輕卒合戰而佯走令我城上立旌旗擊鼙鼓完爲守備敵人以我爲守城必薄我城下發吾伏兵以衝其內或擊其外三軍疾戰或擊其前或擊其後勇者不得鬬輕者不及走名曰突戰敵人雖衆其將必走武王曰善哉

敵強

武王問太公曰引兵深入諸侯之地與敵人衝軍相當敵衆我寡敵強我弱敵人夜來或攻吾左或攻吾右三軍震動吾欲以戰則勝以守則固爲之奈何太公曰如此者謂之震寇利以出戰不可以守選吾材士強弩車騎爲之左右疾擊其前急攻其後或擊其表或擊其裏其卒必亂其將必駭武王曰敵人遠遮我前急攻我後斷我銳兵絶我材士吾內外不得相聞三軍擾亂皆散而走士卒無鬭志將吏無守心爲之奈何太公曰明哉王之問也當明號審令出我勇銳冒將之士人操炬火二人同鼓必知敵人所在或

擊其表或擊其裏微號相知令之滅火鼓音皆中外相應期約皆當三軍疾戰敵必敗亡武王曰善哉

敵武

武王問太公曰引兵深入諸侯之地卒遇敵人甚衆且武武車驍騎繞我左右吾三軍皆震走不可止爲之奈何太公曰如此者謂之敗兵善者以勝不善者以亡武王曰用之奈何太公曰伏我材士強弩武車驍騎爲之左右常去前後三里敵人逐我發我車騎衝其左右如此則敵人擾亂吾走者自止武王曰敵人與我車騎相當敵衆我少敵強我弱其來整治精

銳吾陳不敢當爲之奈何太公曰選我材士強弩伏於左右車騎堅陳而處敵人過我伏兵積弩射其左右車騎銳兵疾擊其軍或擊其前或擊其後敵人雖衆其將必走武王曰善哉

鳥雲山兵

武王問太公曰引兵深入諸侯之地遇高山盤石其上亭亭無有草木四面受敵吾三軍恐懼士卒迷惑吾欲以守則固以戰則勝爲之奈何太公曰凡三軍處山之高則爲敵所棲處山之下則爲敵所囚既以被山而處必爲鳥雲之陳鳥雲之陳陰陽皆備或屯

其陰或屯其陽處山之陽備山之陰處山之陰備山之陽處山之左備山之右處山之右備山之左其山敵所能陵者兵備其表衢道通谷絕以武車高置旌旗謹勑三軍無使敵人知吾之情是謂山城行列已定士卒已陳法令已行奇正已設各置衝陳於山之表便兵所處乃分車騎爲鳥雲之陳三軍疾戰敵人雖衆其將可擒

鳥雲澤兵

武王問太公曰引兵深入諸侯之地與敵人臨水相拒敵富而衆我貧而寡踰水擊之則不能前欲久其

日則糧食少吾居斥鹵之地四旁無邑又無草木三軍無所掠取牛馬無所芻牧爲之奈何太公曰三軍無備牛馬無食士卒無糧如此者索便詐敵而亟去之設伏兵於後武王曰敵不可得而詐吾士卒迷惑敵人越我前後吾三軍敗亂而走爲之奈何太公曰求途之道金玉爲主必因敵使精微爲寶武王曰敵人知我伏兵大軍不肯濟別將分隊以踰於水吾三軍大恐爲之奈何太公曰如此者分爲衝陳便兵所處須其畢出發我伏兵疾擊其後強弩兩旁射其左右車騎分爲鳥雲之陳備其前後三軍疾戰敵人見

我戰合其大軍必濟水而來發我伏兵疾擊其後車騎衝其左右敵人雖衆其將可走凡用兵之大要當敵臨戰必宜衝陣便兵所處然後以軍騎分爲鳥雲之陳此用兵之奇也所謂鳥雲者鳥散而雲合變化無窮者也武王曰善哉

少衆

武王問太公曰吾欲以少擊衆以弱擊彊爲之柰何太公曰以少擊衆者必以日之暮伏於深草要之隘路以弱擊彊者必得大國而與隣國之助武王曰我無深草又無隘路敵人已至不適日暮我無大國之

與又無隣國之助爲之柰何太公曰妄張詐誘以熒惑其將迂其道令過深草遠其路令會日路前行未渡水後行未及舍發我伏兵疾擊其左右車騎擾亂其前後敵人雖衆其將可走事大國之君下鄰國之士厚其幣卑其辭如此則得大國之與鄰國之助矣武王曰善哉

分險

武王問太公曰引兵深入諸侯之地與敵人相遇於險阨之中吾左山而右水敵右山而左水與我分險相拒各欲以守則固以戰則勝爲之柰何太公曰處

山之左急備山之右處山之右急備山之左險有大水無舟楫者以天潢濟吾三軍已濟者亟廣吾道以便戰所以武衝爲前後列其強弩令行陳皆固衢道谷口以武衝絕之高置旌旗是謂車城凡險戰之法以武衝爲前大櫓爲衛材士強弩翼吾左右三千人爲屯必置衝陳便兵所處左軍以左右軍以右中軍以中並攻而前已戰者還歸屯所更戰更息必勝乃已武王曰善哉

六韜卷第五

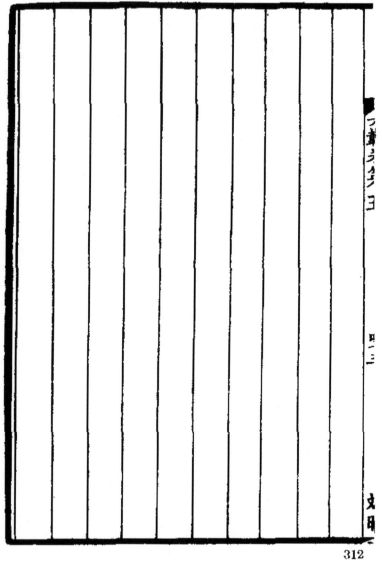

六韜卷第六

犬韜

分兵

武王問太公曰王者帥師三軍分爲數處將欲期會合戰約誓賞罰爲之柰何太公曰凡用兵之法三軍之衆必有分合之變其大將先定戰地戰日然後移檄書與諸將吏期攻城圍邑各會其所明告戰日漏刻有時大將設營而陳立表轅門清道而待諸將吏至者校其先後先期至者賞後期至者斬如此則遠近奔集三軍俱至并力合戰

武鋒

武王問太公曰凡用兵之要必有武車驍騎馳陳選鋒見可則擊之如何則可擊太公曰夫欲擊者當審察敵人十四變變見則擊之敵人必敗武王曰十四變可得聞乎太公曰敵人新集可擊人馬未食可擊天時不順可擊地形未得可擊奔走可擊不戒可擊疲勞可擊將離士卒可擊涉長路可擊濟水可擊不暇可擊阻難狹路可擊亂行可擊心怖可擊

練士

武王問太公曰練士之道柰何太公曰軍中有大勇

敢死樂傷者聚爲一卒名曰冒刃之士有銳氣壯勇彊暴者聚爲一卒名曰陷陳之士有奇表長劒接武齊列者聚爲一卒名曰勇銳之士有拔距伸鉤彊梁多力潰破金鼓絶滅旌旗者聚爲一卒名曰勇力之士有踰高絶遠輕足善走者聚爲一卒名曰冦兵之士有王臣失勢欲復見功者聚爲一卒名曰死鬭之士有死將之人子弟欲與其將報仇者聚爲一卒名曰敢死之士有贅壻人虜欲掩迹揚名者聚爲一卒名曰勵鈍之士有貧窮憤怒欲快其心者聚爲一卒名曰必死之士有胥靡免罪之人欲逃其耻者聚爲

一卒名曰倖用之士有材技兼人能負重致遠者聚爲一卒名曰待命之士此軍之服習不可不察也

教戰

武王問太公曰合三軍之衆欲令士卒練士教戰之道奈何太公曰凡領三軍有金鼓之節所以整齊士衆者也將必先明告吏士申之以三令以教操兵起居旌旗指麾之變法故教吏士使一人學戰教成合之十人十人學戰教成合之百人百人學戰教成合之千人千人學戰教成合之萬人萬人學戰教成合之三軍之衆大戰之法教成合之百萬之衆故能

成其大兵立威於天下武王曰善哉

均兵

武王問太公曰以車與步卒戰一車當幾步卒幾步卒當一車以騎與步卒戰一騎當幾步卒幾步卒當一騎以車與騎戰一車當幾騎幾騎當一車太公曰車者軍之羽翼也所以陷堅陳要彊敵遮走北也騎者軍之伺候也所以踵敗軍絶糧道擊便寇也故車騎不敵戰則一騎不能當步卒一人三軍之衆成陳而相當則易戰之法一車當步卒八十人八十人當一車一騎當步卒八人八人當一騎一車當十騎十騎

當一車險戰之法一車當步卒四十人四十人當一車一騎當步卒四人四人當一騎一車當六騎六騎當一卒夫車騎者軍之武兵也十乘敗千人百乘敗萬人十騎敗百人百騎走千人此其大數也武王曰車騎之吏數陳法柰何太公曰置車之吏數五車一長十車一吏五十車一率百車一將易戰之法五車為列相去四十步左右十步隊間六十步險戰之法車必循道十車為聚二十車為屯前後相去二十步左右六步隊間三十六步五車一長縱橫相去二里各返故道置騎之吏數五騎一長十騎一吏百騎

一率二百騎一將易戰之法五騎爲列前後相去二十步左右四步隊閒五十步險戰者前後相去十步左右二步隊閒二十五步三十騎爲一屯六十騎爲一輩十騎一吏縱橫相去百步周環各復故處武王曰善哉

武車士

武王問太公曰選車士奈何太公曰選車士之法取年四十已下長七尺五寸已上走能逐奔馬及馳而乘之前後左右上下周旋能縛束旌旗力能彀八石弩射前後左右皆便習者名曰武車之士不可不厚也

武騎士

武王問太公曰選騎士奈何太公曰選騎士之法取年四十已下長七尺五寸已上壯健捷疾超絕倫等能馳騎彀射前後左右周旋進退越溝塹登丘陵冒險阻絕大澤馳強敵亂大衆者名曰武騎之士不可不厚也

戰車

武王問太公曰戰車奈何太公曰步貴知變動車貴知地形騎貴知別徑奇道三軍同名而異用也凡車之死地有十其勝地有八武王曰十死之地奈何太

公曰往而無以還者車之死地也越絕險阻乘敵遠行者車之竭地也前易後險者車之困地也陷之險阻而難出者車之絕地也圮下漸澤黑土黏埴者車之勞地也左險右易上陵仰阪者車之逆地也殷草橫畝犯歷深澤者車之拂地也車少地易與步不敵者車之敗地也後有溝瀆左有深水右有峻阪者車之壞地也日夜霖雨旬日不止道路潰陷前不能進後不能解者車之陷地也此十者車之死地也故拙將之所以見擒明將之所以能避也武王曰八勝之地奈何太公曰敵之前後行陳未定即陷之旌旗擾

亂人馬數動即陷之士卒或前或後或左或右即陷之陳不堅固士卒前後相顧即陷之前往而疑後恐而怯即陷之三軍卒驚皆薄而起即陷之戰於易地暮不能解即陷之遠行而暮舍三軍恐懼即陷之此八者車之勝地也將明於十害八勝敵雖圍周千乘萬騎前驅旁馳萬戰必勝武王曰善哉

戰騎

武王問太公曰戰騎奈何太公曰騎有十勝九敗武王曰十勝奈何太公曰敵人始至行陳未定前後不屬陷其前騎擊其左右敵人必走敵人行陳整齊堅

固士卒欲鬬吾騎翼而勿去或馳而往或馳而來其疾如風其暴如雷白晝而昏數更旌旗變易衣服其軍可克敵人行陳不固士卒不鬬薄其前後獵其左右翼而擊之敵人必懼敵人暮欲歸舍三軍恐駭翼其兩旁疾擊其後薄其壘口無使得入敵人必敗敵人無險阻保固深入長驅絕其糧路敵人必飢地平而易四面見敵車騎陷之敵人必亂敵人奔走士卒散亂或翼其兩旁或掩其前後其將可擒敵人暮返其兵甚衆其行陳必亂令我騎十而爲隊百而爲屯車五而爲聚十而爲羣多設旌旗雜以強弩或擊其

兩旁或絕其前後敵將可虜此騎之十勝也武王曰
九敗奈何太公曰凡以騎陷敵而不能破陳敵人佯
走以車騎返擊我後此騎之敗地也追北踰險長驅
不止敵人伏我兩旁又絕我後此騎之圍地也往而
無以返入而無以出是謂陷於天井頓於地穴此騎
之死地也所從入者隘所從出者遠彼弱可以擊我
強彼寡可以擊我衆此騎之沒地也大澗深谷翳薉
林木此騎之竭地也左右有水前有大阜後有高山
三軍戰於兩水之間敵居表裏此騎之艱地也敵人
絕我糧道往而無以返此騎之困地也汙下沮澤進

退漸洳此騎之患地也左有深溝右有坑阜高下如
平地進退誘敵此騎之陷地也此九者騎之死地也
明將之所以遠避闇將之所以陷敗也

戰步

武王問太公曰步兵車騎戰奈何太公曰步兵與車
騎戰者必依丘陵險阻長兵強弩居前短兵弱弩居
後更發更止敵之車騎雖衆而至堅陣疾戰材士強
弩以備我後武王曰吾無丘陵又無險阻敵人之至
既衆且武車騎翼我兩旁獵我前後吾三軍恐怖亂
敗而走爲之奈何太公曰今我士卒爲行馬木蒺藜

置牛馬隊伍爲四武衝陣望敵車騎將來均置蒺藜掘地匝後廣深五尺名曰命籠人操行馬進步闌車以爲壘推而前後立而爲屯材士強弩備我左右然後令我三軍皆疾戰而不解武王曰善哉

六韜卷第六

國家圖書館出版品預行編目資料

武經七書／孫武等著；李浴日選輯. -- 初版. -- 新北市：
華夏出版有限公司, 2022.02
面； 公分. -- (中國兵學大系；01)
ISBN 978-986-0799-35-4(平裝)
1.兵法 2.中國

592.09 110014346

中國兵學大系 001
武經七書

著 作 孫武 等
選 輯 李浴日
印 刷 百通科技股份有限公司
電話：02-86926066 傳真：02-86926016
出 版 華夏出版有限公司
220 新北市板橋區縣民大道 3 段 93 巷 30 弄 25 號 1 樓
電話：02-32343788 傳真：02-22234544
E-mail： pftwsdom@ms7.hinet.net
總 經 銷 貿騰發賣股份有限公司
新北市 235 中和區立德街 136 號 6 樓
電話：02-82275988 傳真：02-82275989
網址：www.namode.com
版 次 2022 年 2 月初版一刷
特 價 新臺幣 500 元 (缺頁或破損的書，請寄回更換)

ISBN-13：978-986-0799-35-4

《中國兵學大系：武經七書》由李浴日紀念基金會 Lee Yu-Ri Memorial Foundation 同意華夏出版有限公司出版繁體字版